データで知る

現代の軍事情勢

MODERN MILITARY SITUATION

岩池正幸［著］

原書房

データで知る現代の軍事情勢

目次

はじめに

我が国は大陸国家と海洋国家が接するという地政学的[i]に見て戦略的な要衝の位置にあり、江戸時代末期以降、厳しい国際環境下にあった当時の日本においては、世界を見据えた軍事政策は最重要の課題であり、人々の軍事に対する関心も高かった。[1] 第2次世界大戦後は、国際武力紛争の当事国になることもなく長らく平和を謳歌し、平和主義に基づく軍事に対する忌避感も相まって、日本では軍事全般に対する関心が低いまま推移してきた。

そのような中にあって、中国の台頭や北朝鮮の核開発などに伴い、近年、我が国の安全保障環境に大きな変化が起こっており、これに対し漠然と不安を感じ始めている人も多くなってきてい

i　地政学は、国家が地理的な要因により受ける影響を政治、軍事、経済等の観点から分析する学問分野であり、古くはマッキンダーが提唱したランドパワー国家群とシーパワー国家群の考え方をはじめ、種々の理論が提唱されている。本書において「地政学的」という用語は、国家を一つの有機組織体と捉え、地理空間において国家が支配する領土が占める位置関係とその位置関係から生じる他国との政治、軍事、経済等の相互作用の総体を指すものとして定義し、使用している。

る。実際、東アジア地域における軍事的な動きは我が国に直接の影響が及ぶ可能性があるため、しばしば個別の軍事的事象が大きく取り上げられ、深い分析も紹介されている。

軍事情勢に対する関心が高まりつつある状況ではあるが、我が国には米軍が駐留し、隣国として中国とロシアという軍事大国が存在する上に、威嚇的な北朝鮮が地理的に近いため、我々日本人は近視眼的に東アジアの軍事情勢を見てしまいがちであり、世界全体から見た東アジアという視点が欠けるきらいがあると私は感じている。

まさしく、東アジアは米中ロの世界戦略が交錯する地域であり、東アジアの軍事情勢を深く理解するには世界の軍事情勢に対する俯瞰的な知識が不可欠である。そこで、本書においては、地政学的構造や軍事機構を単純化して整理することにより、複雑な構造を伴って成立している国際的な軍事的均衡やその結果生じる軍事的抑止の総体である「現代の国際軍事情勢」を、軍事に詳しくない人でも理解できるように努めて記述するとともに、世界の軍事対峙の現場を紹介する中で比較的詳しく東アジアについて解説した。

本書で取り扱うデータは、誰でもアクセス可能な資料から引用している。特に、英国のシンクタンクである国際戦略研究所[2]が毎年発行する『ミリタリーバランス』は、偏りのない網羅的なデータを提供してくれるため、地域的な情勢分析のみならず、グローバルな情勢把握に最適である。『ミリタリーバランス』は１９５９年に小冊子として発行されてから既に60年の歴史を持っており[3]、極めて高い権威を持つ軍事データベースとなっている。各国の陸海空軍や核兵器を扱う戦略部隊の規模、装備、部隊編成などについて、年鑑としては比較的薄いものでありながら、内容としては濃密なデータが詰まっている。

これに加えて、ストックホルム国際平和研究所[4]の発行する『SIPRI年鑑』とネット上でアクセスできるSIPRIデータベース[5]とともに、HIS Markit社が提供する『ジェーン年鑑[6]』の情報を使用している。SIPRIは兵器の国家間取引や核兵器の状況を見るのに適しており、また、ジェーン年鑑は個別の兵器の諸元や各国軍隊の組織構成、訓練・演習などの状況を把握するのに適している。また、各国政府が発行する国防白書のデータも重要であり、国防政策の基本的考え方や将来に向けての方向性を考える上で重要な資料となっている。

これらの公刊資料のデータの多くは、1年ごとのデータ更新となっているため必ずしも最新とは言えないし、公開情報のため情報に欠落があったりする。確かに、軍事組織が具体的な作戦行動の基礎とするには個々の部隊に対する綿密な情報収集が必要となることは言うに待たず、リアルタイムでの追加的な詳細な情報収集は必須である。しかし、戦略的な観点から世界の軍事情勢を読み解くという本書の目的においては、外部から観察可能なデータで十分であり、さらに進んで軍事専門的に精密な情勢を理解する際にも、公開情報に基づく俯瞰的な軍事情勢認識が欠かせないと思料する。

第1章　国際軍事情勢の全体構造

各国の軍事力や軍事的対峙の現場を考察する前に、国際軍事情勢の全体構造のあらましを頭に入れておく必要がある。この全体構造の基軸となっているのが米国の軍事力の存在であり、これに中国とロシアの軍事力が対抗する方向にベクトルが働き、バランスをとる形で国際軍事情勢における基本構造が成り立っている。

第1節　通常戦力の状況

通常戦力の全体構造は、米国の前方展開兵力のネットワークが大きな骨組みとなり、中国、ロシアなどを巻き込んで全体構造を形成する（図1）。

遠征軍である米軍

遠征軍とは、国外において軍事作戦行動を実施することを目的に組織と装備体系を整えた軍事機構であり、国土防衛を主目的とした国防軍や国内秩序維持のための治安軍とは異なる組織体系を持っている。米国の通常戦力は、遠征軍として世界で最も整備された軍隊となっており、オバマ大統領は「米国は世界の警察官ではない」旨述べてはいるが、遠征軍としての米軍のネットワークが世界各地に展開され、これに基づき国際秩序が維持されていることは厳然たる事実であり、これが近い将来に変わることはない。そして、その重心は、日本と韓国の東アジア、クウェート、カタールなどのペルシャ湾岸地域を中心とした中東と、英国、ドイツ、イタリアなどの欧州の3か所にある。日本と韓国の米軍基地は中国とロシア東部への、そして、

図1　国際軍事情勢の全体構造（通常戦力）

◉米軍の前方展開の中心地域は緊張関係があるが秩序安定
◉米軍のネットワークから離れた地域は軍事的秩序が混沌傾向

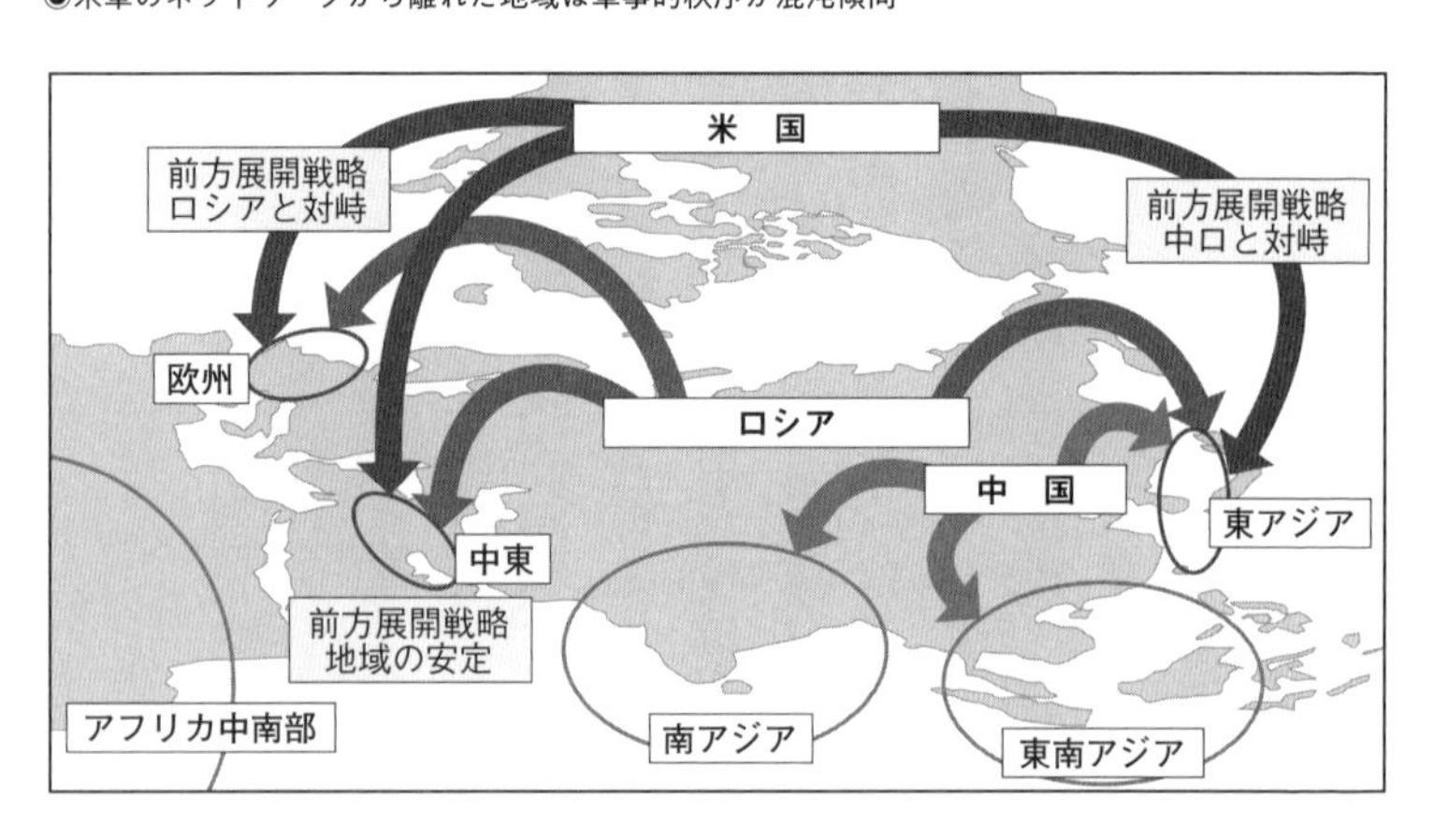

欧州の米軍基地はロシアへの戦力投射の拠点となるものであり、中ロ両国にとって無視できないものとなっている。

米軍に対抗する形の中国軍とロシア軍

米軍の前方展開戦略により、中国とロシアの近傍には米軍の戦闘部隊が展開し、さらに来援部隊（米本土からの増強部隊）の受け入れ態勢も整備されているため、中国とロシアは米国の軍事力に対抗しうる戦力の構築に努めている。両国が優先しているのは、第一に米国の軍事力の自国への投射（パワープロジェクション）を否定する戦力構築であり、第二に本格的な米軍との戦闘を念頭に置いた総合的な作戦遂行能力の構築である。この米中ロの3か国関係が国際軍事情勢における基本構造を形成している。

米国に対抗するため蓄積された中国とロシアの軍事力は、当然のことながら、それぞれの地域の他の国へ影響を及ぼすことになる。

中国とロシアの軍事力の影響を受ける周辺地域

地理空間における軍事的対峙の現場は、全てユーラシア大陸の外縁部に存在している。これは、北アメリカ大陸に本土を有する米国が前方展開戦略としてユーラシア大陸外縁部に基地や部隊を配備していることに由来する。

東アジアでは、中ロの巨大な軍事力は、相互に影響を及ぼしあうのみならず、米軍基地と米軍部隊の存在を前提として米国と同盟もしくは協力関係にある日本、韓国と台湾の安全保障環境に大きな影響を及ぼすことになる。なお、中国と関係が深いが軍事的にはほぼ独立している北朝鮮は、独自の変数として周辺国に影響を及ぼしている。

欧州では、ロシアの大きな軍事力は、ＮＡＴＯという集団的安全保障体制を介して各国の安全保障環境に大きな影響を及ぼす。その延長線上に、ＥＵへの傾斜を強めるウクライナの問題が存在する。

残る中心地である中東は東アジアや欧州と趣を異にする。ペルシャ湾岸は湾岸戦争を契機に米軍のプレゼンスが拡大した地域である。総体的にみると、米軍は地域の安定の重石となっているが、地域の軍事大国であるエジプト、トルコ、イスラエルとイランの軍事的影響力が非常に大きく、湾岸諸国ではサウジアラビアとアラブ首長国連邦に整った軍事力が存在している。エジプトとトルコは米国寄りではあるものの、利害関係が米国と必ずしも一致するわけではない。その中に、中央アジアと黒海に隔てられるも地理的に近いロシアが軍事的影響を及ぼすという構図になっている。

右記の３つの米軍のネットワークの重心から外れた地域は、軍事的にはより混沌とした状況が生じやすい。一つは南シナ海を含む東南アジア地域であり、もう一つはインド、パキスタンと中国がプレイヤーとなっている南アジア地域、そして最後の一つはアブ・サハラ以南のアフリカ地域である。

第2節　核抑止の状況

通常戦力によって形成されている国際軍事秩序を最終的に保障するのが、戦略核兵器である。大国間の軍事衝突の最終形態として位置づけられるものが核戦争であるが、核戦争は当事国双方に多大な被害を与えるため、相互に相手に核兵器を使用させないよう核抑止戦略を追求することになる。戦略核兵器に対する抑止（戦略核抑止）においても、米国の警戒監視システムと攻撃システムは世界の均衡を支える骨組みとなるとともに、東アジアと欧州に対する拡大抑止（核の傘）を提供している。

戦略核抑止を実効あるものにするには、戦略核兵器を投射するという攻撃能力と戦略核兵器の使用を感知する警戒監視能力の2つの能力が必要となる。まず、攻撃能力だが、核弾頭の運搬手段は弾道ミサイルや戦略爆撃機などの長距離打撃戦力に依存しているため、米中ロの3か国間における核戦略抑止は、相互の地政学的位置関係と保有する長距離打撃手段の相互認識により形成される。戦略核兵器の使用によって生じる壊滅的な被害予想が核攻撃を思いとどまらせる効果、すなわち抑止効果を持つため、長距離打撃手段が多様かつ多量になるほど抑止効果が高まる性質を持つ。次に、警戒監視能力であるが、核兵器はその壊滅的な破壊力から先制攻撃した方が圧倒的に有利になる兵器であるため、先制攻撃を抑止するには相手方の核兵器の先制使用を監視し、使用された場合に迅速に報復核攻撃を行える能力を備えることが必須である。米国は、この2つの能力、すなわち、各種の長距離打撃手段と多数の戦略核弾頭を保有し、核兵器に対する警戒監視態勢を維持することを、唯一、完全な形で兼ね備えることにより、世界の核の均衡抑止を支えている。

米中ロの3か国で見た場合、米ロ両国が多数の戦略核弾頭を保有し、核抑止均衡が成立している一方、中国は米ロに比し戦略核弾頭数が少なく、対等な形での核の抑止均衡関係が米ロとの間で成立していない（図2）。中国は現状では最小限の報復能力の保持による守勢的な核抑止戦略をとっている。但し、中国は米ロと異なり、中距離核戦力全廃条約（INF全廃条約）による保有弾道ミサイルの制約がなかったため、中距離までをカバーする大規模な

図2　国際軍事情勢の全体構造（核戦力）

◉米ロ間では戦略抑止均衡が成立しているが、米ロと中国の間では米ロが戦略的優位
◉中国は中距離の弾道ミサイルを保有し、ロシア含む周辺国に対する核攻撃能力を保持

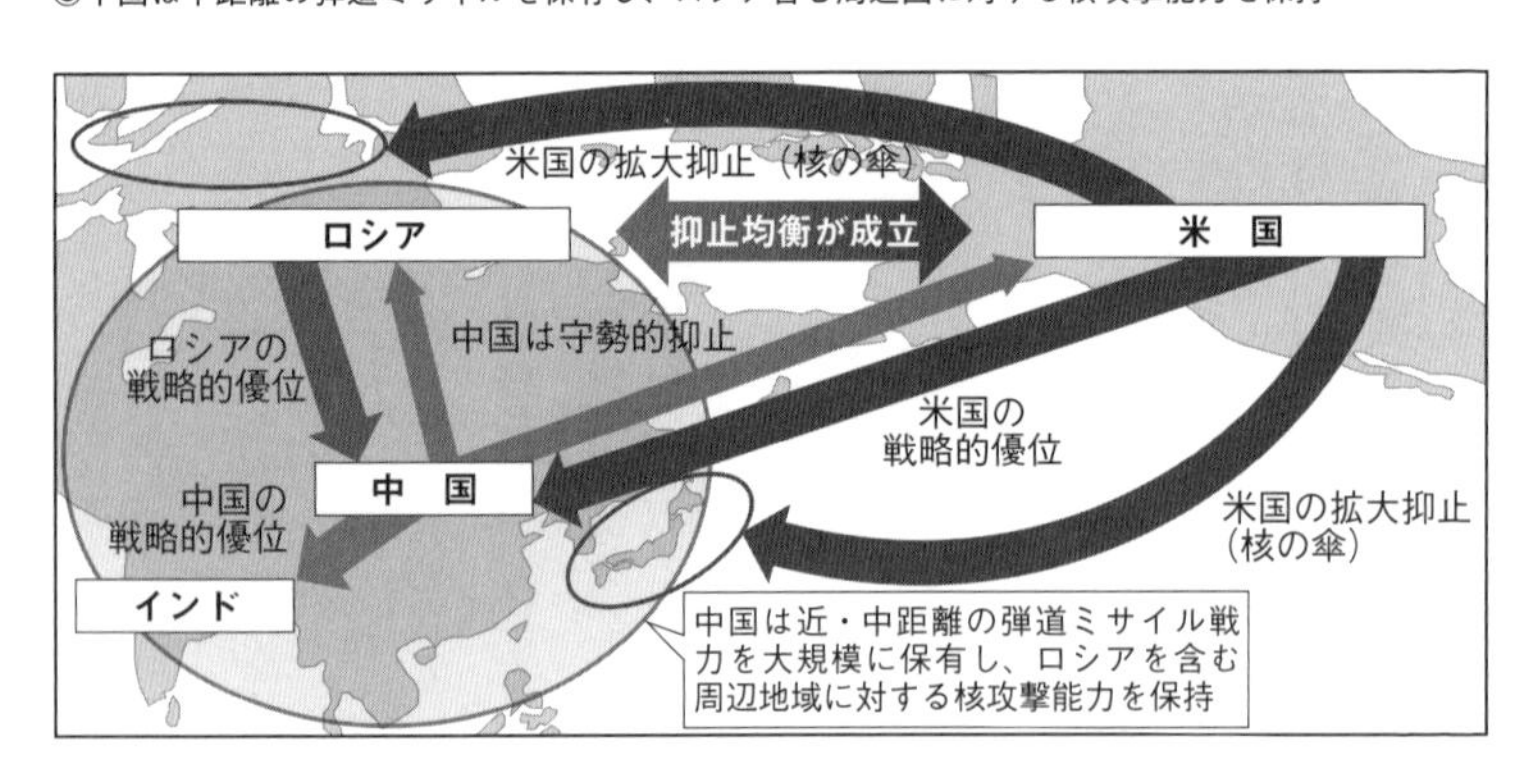

弾道ミサイル戦力を保持しており、ロシアを含む周辺地域に対する柔軟な核攻撃能力を有している。言い換えれば、近隣国に対し大出力の核兵器を投射する態勢が整っている。したがって、周辺国は何らかの手段で核抑止態勢を整えるか、または、中国と良好な関係維持に努め中国の標的にならないようにしなければならない。核兵器不拡散条約（NPT）体制における核兵器国[7]による拡大抑止がない（核の傘を持たない）インドが中国を抑止するに足る核戦力を追求する意味はここにある。そして、インドは、事実上の核兵器国となったものの、中国に対する核兵器投射能力が劣っているため、中国に対する核抑止に至っていない状況にあることが、中印両国関係に大きな影響を及ぼし、中国に対して強硬路線を貫けない要因の一つとなっている。

第3節　宇宙、サイバー電磁空間

以上は、地政学的に見た世界的軍事情勢の全体像であるが、軍事的対峙は現在と将来の力関係を巡って地理空間だけではなく、宇宙、サイバー電磁空間においても繰り広げられている。なぜならば、戦略核戦力と通常戦力の双方が、宇宙やサイバー電磁空間を基盤とする機器に支えられているからである。全般的には、米国は過去における巨大な投資の成果によりリードしている状況にあるが、中国がロシアを追い越して急速に米国を追い上げている。

第2章 米国、中国とロシアの安全保障環境

国際軍事情勢の基本構造を形成する米中ロの3か国は、それぞれが置かれた安全保障環境に基づいて、軍事力の形成と展開を行っている。つまり、その環境により、安全保障戦略、すなわち軍事力の規模、構成などは大きく影響を受けることになる。そこで、本章では各国戦力の現況の理解のため、各国が置かれた地政学的な安全保障環境を中心に考察する。

第1節 米国

米国は国際軍事情勢を支える最も重要な柱である。その置かれた状況や米国が創出した態勢を理解することは、情勢認識の最初の一歩となる。

安全保障環境

米国は、戦略的な競争相手である中国とロシアが存在するユーラシア大陸と隔絶した北米大陸に位置するという地理的環境下にあり、この環境を戦略的優位性に結び付けるべく戦略核攻撃に対する警戒監視態勢を構築するとともに、ユーラシア大陸の東西などに前方展開基地を配置している。

（1）地理的環境

図3は米国東海岸を中心に据えた正距方位図であるが、北米大陸は中国とロシアの領土があるユーラシア大陸から太平洋、大西洋と北極海により隔絶しており、米国

図3　米国の地政学的位置

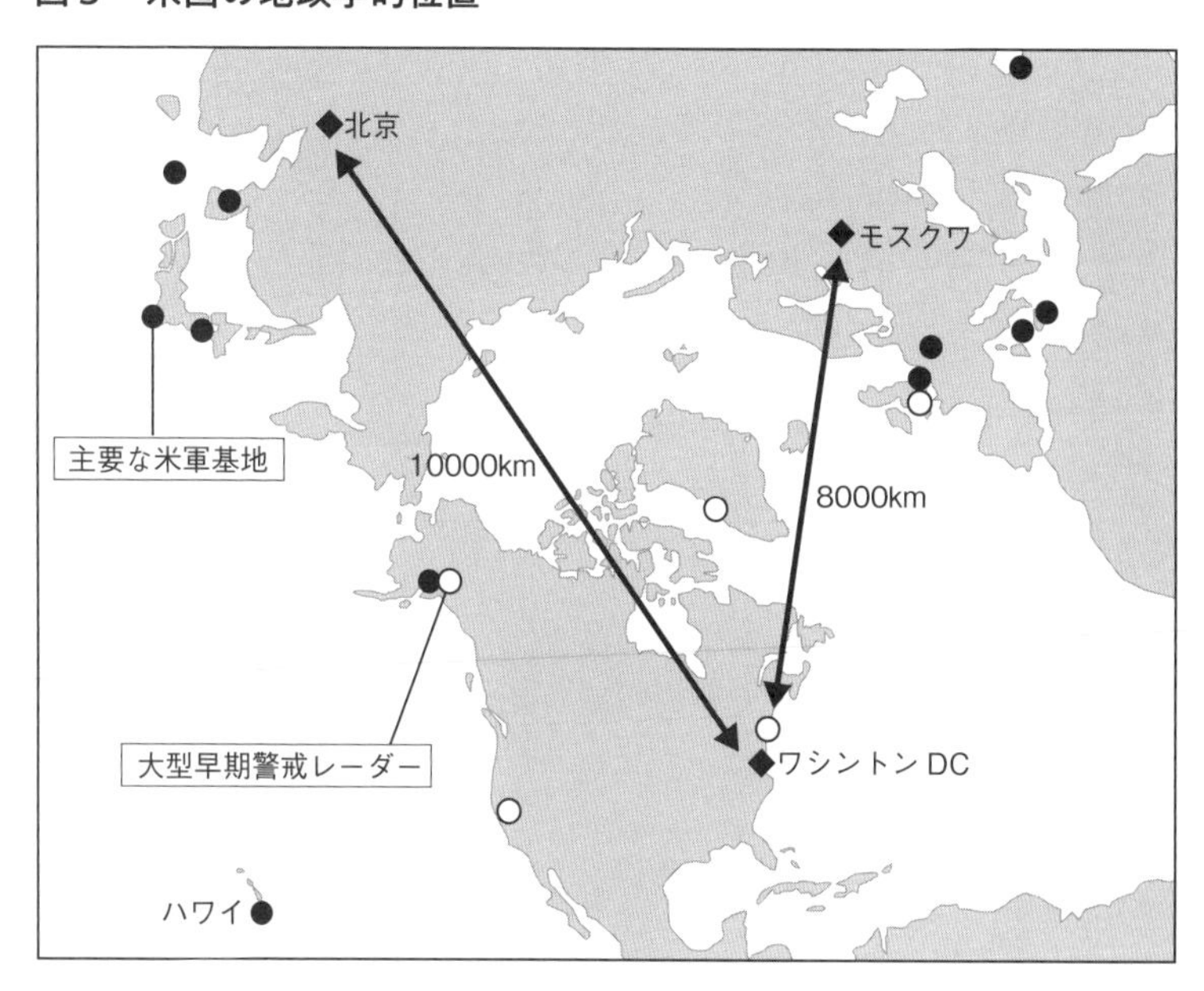

自身は軍事的対峙の可能性のないカナダとメキシコと陸上国境を接するという極めて有利な地政学的な位置を占めている。

位置関係から対峙する可能性が高い最も近い国はロシアである。中国はロシアの後方にある1万キロメートル離れた比較的遠い国であり、日本も太平洋を挟んでの隣国であるものの、やはり遠方という地理的関係にある。なお、日本、朝鮮半島とイランは首都ワシントンから約1万キロメートルの距離にありほぼ同等の遠さとなっている。これに対し、西欧、北欧、東欧の一部とアフリカ北西部は、6000から8000キロメートルの距離と比較的近く、これら地域の情勢安定は米国にとってより身近な問題である。

(2) 周辺国の軍事力

兵力規模では、米国は南北米大陸を通じて138万人と最大を誇り、これに次いでブラジルの37万人、そしてコロンビアの29万人、メキシコの24万人と続くが、米国の国力と軍事力は際立って大きい(表1)。軍備の質的な面でも戦車等の火力、航空機や艦艇の武器装備を含め米国は他国を圧倒している。国境を接しているカナダとメキシコとの関係も安定しており、地理的に比較的近いキューバは安全保障上の懸念が残るものの、攻勢戦力である海軍と空軍の兵員規模は合計で約1万人強と極めて小さいため、米国は周辺国からの安全保障上の脅威がない状況にある。したがって、米国は、国境警備に通常戦力を振り向ける必要性が小さく、軍事力の大半を遠征軍として国外展開できる環境にある。

（3）ロシアと中国との地政学的関係

ロシアと中国とは北極海、太平洋と大西洋を挟んで対峙する地理的関係にあるので、米国としては長距離の隔たりを超えることのできる戦力（長距離機動戦力）の配備と相手方の長距離機動戦力に対する警戒システムが重要となる。米国は、米本土においては戦略核兵器システムとミサイル防衛システムを配備し、これらのシステムと連動する早期警戒システムを米本土の北方地域や宇宙などに配置する態勢をとっている。また、通常戦力については、同盟関係を基礎に部隊を欧州方面、東アジア方面などに前方展開し、米本土から離隔した地域において軍事作戦を行う態勢を整えることで、間接的に米本土の防衛を図っている。

表1　米国とその周辺国の国力と兵員規模

国名	総兵員（1000人）	陸軍	海軍	空軍	国防費（$bn）	GDP比（%）	人口（ml）	GDP（$tr）
米国	1,379	481	523	332	730	3.4	331	21.4
カナダ	67	23	8	12	22.3	1.3	36	1.73
メキシコ	236	173	54	8	5.09	0.4	127	1.27
キューバ	49	38	3	8	-		-	-
ブラジル	366	214	85	67	27.5	1.5	210	1.85
コロンビア	293	223	56	13	10.5	3.2	48	0.328
ベネゼエラ	123	63	25	11	-		32	0.070
チリ	77	46	19	11	4.57	1.6	18	0.294
アルゼンチン	74	42	18	12	3.26	0.7	45	0.445

注①『ミリタリーバランス2020』による。兵員は1000人、国防費は10億米ドル、GDP比はパーセント、人口は100万人、GDPは1兆米ドルを単位としており、兵員・人口は単位未満は切捨て。国防費とGDPは2019年の数値。②海軍には海兵を含む。③カナダ、米国の国防費は国防支出。

戦略警戒監視システムと前方展開基地の配置

米軍の早期警戒態勢と前方展開戦力は国際軍事構造の基礎を形成しているので、その概要の理解は非常に重要である。

(1) 核抑止センサー

戦略核弾頭の運搬手段としては、発射の兆候を把握しにくく、かつ着弾までの時間が短い弾道ミサイルが最も脅威が高い。そこで、核抑止のためのセンサーは、弾道ミサイルの飛翔状況を電波反射波でとらえる大型早期警戒レーダーと弾道ミサイルのロケット噴射を感知する早期警戒衛星の2つが特に重要となる。なお、戦略爆撃機と戦略弾道ミサイル原潜の探知は、通常の早期警戒レーダーと哨戒機等による探索活動によることになるが、ここでは特に重要な弾道ミサイルを把握するためのセンサーについて触れる。

❶大型早期警戒レーダー

大陸間弾道ミサイル（ICBM）や戦略爆撃機を早期に発見するため、米国はレーダー面が直径約25メートルで全長が30メートルを超える高さと幅を持つ大型早期警戒レーダーを展開している（イメージ1）。このレーダーの探知距離は5500キロメートルにも及んでいるが、米本土を防護するように北方に3基と東西にそれぞれ1基の合計5機配備されている。その配備場所は前出の正距方位図（図3）に標した。

特に北方に向けた3基のレーダーは米国のアラスカに加え、英国とグリーンランド（デンマークに属する自治地域）にほぼ等距離間隔で置かれ、隙のない形でロシア、中国などユーラシア大陸から発射される弾道ミサイルを監視している。また、東西に配置されているレーダーは海洋からのミサイル発射を捕捉する。

イメージ1　大型早期警戒レーダー

❷早期警戒衛星

早期警戒衛星は、ミサイル噴射炎の赤外線を感知するセンサーを搭載した衛星であり、広域監視のため、赤道上空の静止軌道と極北に回帰するモルニア軌道[ii]に配置されている。

米国は1970年からDSP（Defense Support Program）衛星シリーズを打ち上げ、同型機は現在4基運用中であり、これに加え、精度と追跡能力を強化したSBIRS－GEO（Space Based Infrared Sensor-Geosynchronous Earth Orbit）衛星4基を静止軌道

ii　「モルニア軌道」とは、回帰数＝2（1日に地球を2周する）の楕円軌道。北極海上空で長い時間滞在するように楕円の長径の多くが北極上空に来るように設定される。

に配置している[8]（イメージ2）。また、モルニア軌道をとる偵察衛星に相乗りの形で同様のセンサーを搭載したSBIRS－HEO（Highly Elliptical Orbit）が4基打ち上げられたとされているが、偵察衛星が秘匿対象であるため、搭載されているSBIRS－HEOの運用状況も詳らかにされていない[9]。

米国は8基の静止衛星で弾道ミサイルの発射を赤道面から全世界的に監視するとともに、静止軌道からの監視が難しい極北には周回軌道衛星を配備するなどして[10]、網羅的なミサイル監視網を構築している。

イメージ2　SBIRS-GEO

（2）前方展開

❶全体像

米軍は遠征軍として世界各地に展開しているが、前方展開（forward deployment）の主要な正面は、前述のとおり欧州、東アジアと中東であり、欧州ではNATO体制と二国間協定に基づき、東アジアでは二国間の同盟関係に基づき米軍部隊が駐留している。また、中東においては米国の権益保護、対テロ戦争の遂行等のため、米軍が大規模に展開している。

兵力規模としては、東アジアに9・2万人を、欧州には7・5万人、そして、中東には5・2万人[12]を配置し、これらの兵員合計は21万人を超えている。東アジアでは中国の台頭に伴い、欧州ではロシアとの緊張の増大に伴い、前方展開兵員数は近年増加傾向にある。

この前方展開している米軍の兵力規模そのものは、展開している欧州、東アジアと中東地域において圧倒的というものではなく、むしろ、それぞれの地域の軍事大国に比し小さいものである。しかし、前方展開している米軍の戦闘部隊は、小さくとも敵地に侵入して作戦を行う陸海空戦力を配置しており、攻撃力が高く即応性に優れたものとなっている。

また、米本国に置いている空母打撃群、海兵遠征ユニット、長距離爆撃機などの一部の戦力は即応態勢を維持しており、前方展開部隊とともに攻勢戦力として追加的に投入することが可能となっている。米国は情勢緊迫時に空母打撃群を派遣したり、陸上戦力を増派したりするが、これは相手方に米軍の攻勢戦力を見せることによる抑止効果を狙っているのである。よく言われる「軍事的プレゼンス」は、この米軍の攻勢能力に基づいている。

さらに作戦の規模が大きい場合は、米本土から本格的な増派が行われる。主力となるのは陸軍や海兵隊の師団・旅団等の陸上戦力となるが、情勢緊迫時に事前に増派される場合もあれば、初動は前方展開している戦闘部隊が対応し、追加的に事後に増派される場合もある。

この増派に際し、目立たないものの非常に重要な役割を果たしているのは、米本土からの増援部隊を受け入れるために東アジアや欧州などに置かれている組織や施設である。軍事作戦はやみくもに彼我の部隊が戦闘を行うものではなく、統一的な指揮の下、軍事的な各種基盤（基地、通信網、各種装備、兵站など）を用いて、効率的に部隊運用を行って作戦目的を達成するものである。増援部隊を派遣したとしても、基盤がなくては短期間に戦力化して戦闘行動を行うことができない。そのため、前方展開基地には前方展開司令部組織、増援部隊受け入れ部隊や施設、受入国との調整機構（メカニズム）が置かれている。

また、陸軍の機甲旅団の戦車や装甲車両等の装備は重量があるため、輸送には本来時間がかかるところだが、韓国、ドイツとクウェートにそれぞれ1個機甲旅団装備を集積しており、人員の輸送のみで迅速な部隊完結ができるようになっている。さらに、遠隔地において陸上戦力が短期間に増強できるよう、米海軍には軍事海上輸送司令部（Military Sealift Command）が置かれ、迅速な海上輸送を調整するほか、現地で米本土から航空機等により移動してきた海兵隊員と合流させて戦力化するために、太平洋とインド洋の拠点にそれぞれ1個海兵隊旅団装備を事前に積載した船舶を用意し待機させている。

米軍は、以上の枠組みにより、前方展開戦力を足場に米本土の戦力が比較的短期間に遠隔地に投射することができる態勢を築き、米国の前方展開戦略を支えているのである。そして、戦略的競争相手である中国とロシアの近傍に前方展開する米軍部隊の作戦環境を下支えする役割は、欧州ではＮＡＴＯが、アジアでは日韓が果たしている。一方、中東では、中ロとの対峙という要素はほとんどなく、米国は湾岸地域を中心に小国に分散して部隊を配置することにより、対イランを含め地域の安定に大きな役割を果たしている。

❷戦力概要

ここでは、陸海空軍と海兵隊部隊のそれぞれの前方展開の概況について具体的に説明する。[13]

(ア) 陸上戦力

図4は、米軍の基幹部隊の展開状況を世界地図上に示したものである。実際には、司令部組織、戦闘支援部隊や非戦闘支援部隊[14]などの各種部隊が展開しているが、作戦行動の基幹となる戦闘部隊のみを抜き出して簡略化している。また、恒久的な部隊展開に絞り、任務所要[15]に基づく増派などによって展開されている兵力を除いている。

図4　米軍の前方展開の概要

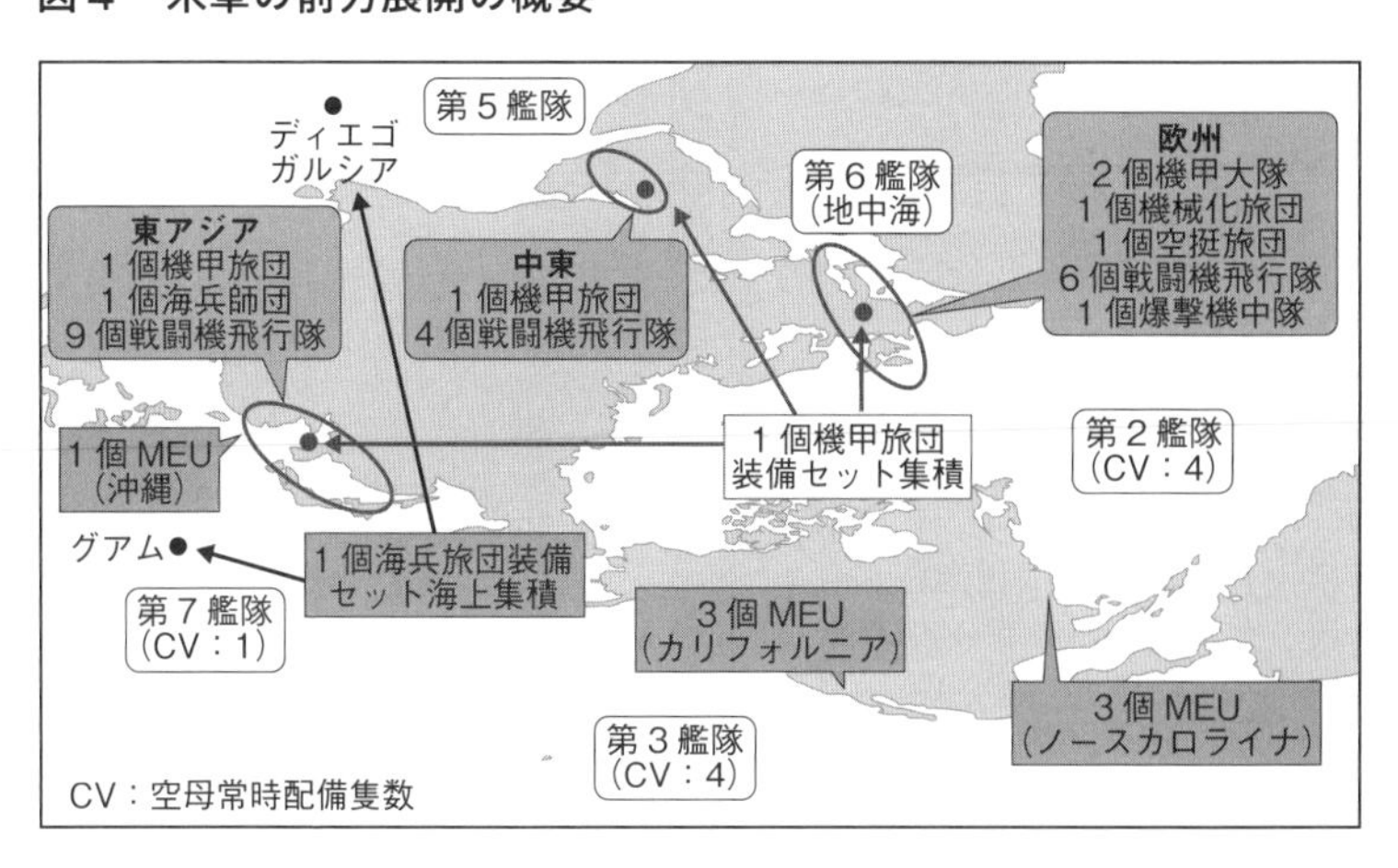

陸上戦力としては、東アジアに陸軍の1個機甲旅団と海兵隊の1個師団（実質的には1個旅団）[16]が、欧州には陸軍の2個機甲大隊（旅団の3分の2の規模）[17]と1個機械化旅団が、そして中東には1個機甲旅団が配置されている。戦略的競争相手である中国とロシアと対峙している東アジアと欧州は2個旅団規模、中東は1個旅団規模の陸上戦力を置いているということになる。また、3つの地域それぞれに1個機甲旅団装備セットが集積され、1個旅団の陸軍戦力を短期間に増派できる態勢が整備されている。さらに、東アジア近くにはグアムに、中東近くにはディエゴ・ガルシアにそれぞれ1個海兵旅団装備セットが船舶に積載された形で海上集積されており、海上輸送により任意の沿岸地域に1個海兵旅団を増派できる態勢が整備されている。欧州は米東海岸に近いので、海上集積拠点は設けられていない。

（イ）航空戦力

敵の航空戦力の侵入を妨げ、陸上戦力を支える役割を担う航空戦力は、陸上戦力の前方展開に随伴するように配置されている。特に戦闘機は作戦行動半径が比較的短いので、陸上戦闘部隊に近い位置に配置する必要がある。

戦闘機により構成される飛行隊については、東アジアでは日本に5個と韓国に4個の合計9個飛行隊[18]が配備され、欧州では独に1個、伊に2個と英に3個の合計6個飛行隊が配備されている。中東は、サウジアラビアに1個、アラブ首長国連邦（UAE）に3個の4個飛行隊が配備されている。

B－52やB－1などの大型爆撃機に関しては、東アジアではグアムに1個爆撃飛行隊[19]が配備され、欧州では英国に1個飛行中隊が配備されていたが、グアム配備の爆撃機は2020年にアメリカ本土から展開させる運用に切り替えられた。北京から比較的距離のあるグアムへの前方展開となっていた背景には、爆撃機は核爆弾や核巡航ミサイルも装備可能なことから、戦略的競争関係にある中国とロシアの首都に近い場所への配備による過度の刺激を避ける意図があった。爆撃機は作戦行動半径が非常に大きく[20]、運用の柔軟性があることから、米本土という遠隔地でも運用上不都合がないという判断により、グアムからの撤退が判断されたと考えられる。欧州の英国への配備は中東配備からの移転で、中東での爆撃任務の減少と欧州方面のプレゼンス強化の必要性から配備に至っている。

（ウ）海兵遠征ユニット

侵攻部隊として最初に沿岸部の敵性地に展開するのは、1個海兵大隊（600人程度）の陸上戦力を基幹とする海兵遠征ユニット（MEU［Marine Expeditionary Unit］）であり、航空機や砲兵などの火力支援部隊と兵站支援部隊を合わせて全体で2200人規模の部隊である。これが、海軍の強襲即応群（Naval Amphibious Ready Group）の強襲揚陸艦などに乗艦し、任務を実行するのである。MEUは6時間以内に任務に着手するという即応能力が高い部隊であるが、海兵隊には表2に掲げたように7つのMEUがあり、米本土の西海岸と東海岸に各3個が配備され、残りの1個が日本の沖縄に前方展開配置されている。情勢緊迫時や着上陸作戦時には、これらの部隊が海上を経由して短期間に最前線に移動することになる。

（エ）海上戦力

即応性が高い戦力としては、海兵隊のほかに、海軍の各艦隊が保有する海上戦力がある。海上戦力と聞けば、多くの人は、太平洋戦争の知識から海軍の艦隊同士が戦闘を行う海上作戦を想像しがちであるが、米海軍艦艇は対艦攻撃よりもむしろ対地攻撃能力を重視したものとなっている。その戦力としては、空母打撃群と巡航ミサイル原子力潜水艦が重要である。

一つの空母打撃群は空母1隻、巡洋艦と駆逐艦3隻、巡航ミサイルまたは攻撃型原潜1隻に加え、補給艦1隻を基準に編成され、巡洋艦、駆逐艦と潜水艦のミサイル発射装置のセル数は総計で300基に及ぶが、その約半数が対地巡航ミサイルに充てられ、空母打撃群の艦艇自体が精密な対地攻撃能力を有している。また、空母は40機

表2 米海兵隊MEU所在地

第11MEU	キャンプ・ペンドルトン Camp Pendleton	カルフォルニア州
第13MEU		
第15MEU		
第22MEU	キャンプ・ルジューン Camp Lejeune	ノースカロライナ州
第24MEU		
第26MEU		
第31MEU	沖縄	日本

を超える戦闘攻撃機と4機程度の電子戦機を艦載しており、これらの航空機をストライク・パッケージに編成し、敵地に侵入して対地攻撃を行う能力を持つ。

なお、米海軍は垂直発射装置（ＶＬＳ）を備えた巡航ミサイル原潜（ＳＳＧＮ）を49隻保有しており、各艦は隠密性を活かし敵対国に接近して巡航ミサイルで地上目標を破壊する対地攻撃能力を保有している。潜水艦だけで１０００発を超える対地巡航ミサイルの発射能力を有している。多くのＳＳＧＮは12区画の垂直発射装置を装備しており、オハイオ級戦略弾道ミサイル原潜（ＳＳＢＮ）を改造したＳＳＧＮ４隻に至っては、１隻あたり１５２発のトマホークが発射可能となっている。対艦攻撃を主任務とする攻撃型原潜（ＳＳＮ）は4隻に過ぎず、むしろ少ない。

海上戦力は、5つの艦隊により運用される（前掲図4参照）。米東海岸と欧州に挟まれた大西洋は第2艦隊が担い、米西海岸から広がる太平洋を第3艦隊が担っている。この米本土の両脇を固めている第2と第3艦隊の保有する戦力は他の艦隊に比して圧倒的に多く、海上戦力の主力となっている。第7艦隊はグアムと東アジアを中心に展開し、第5艦隊はペルシャ湾とアラビア海に、第6艦隊は地中海に展開している。表3は各艦隊所属の艦艇の一覧であるが、空母は第2と第3艦隊に4隻ずつ、第7艦隊に1隻が配置されている。第5と第6艦隊には空母の常時配備はなく、任務の必要性に応じて他の艦隊から空母等が移されることになる。『ミリタリーバランス２０２０』では第5艦隊に空母1隻が配属とされているが、

2019年版では空母ではなく強襲揚陸艦（LHD）の配属となっている。

❸東アジア展開戦力の特色

東アジアと欧州の相違として、米本土からの距離と隔てる海洋の広大さがある。東アジアは欧州に比し広大な太平洋によって米西海岸と隔てられているがゆえに、海洋を利用する戦力を東アジア方面に前方展開することは米国のメリットとなる。

具体的には、欧州における海上戦力は大西洋に展開する第2艦隊が十分な戦力をもって対応できるが、第3艦隊の主力がある東太平洋から東アジアのある西太平洋まで距離がかなりあることから、東アジアを拠点とする第7艦

表3　米海軍の各艦隊所属艦艇

艦隊	第2	第3	第5		第6	第7	
展開海域等	大西洋	太平洋	ペルシャ湾	アラビア海	地中海	日本	グアム
空母	4	4		1		1	
巡洋艦	10	10		2		3	
駆逐艦	18	27		2	4	10	
フリゲート艦	3	9					
警備艇	3		16				
指揮艦					1	1	
掃海艦		3	4			4	
揚陸艦	5	9				2	
輸送艦	5	3				2	
戦略ミサイル原潜	6	8					
巡航ミサイル原潜	20	21		2	1		4
攻撃型原潜		4					

注①第5、第6と第7艦隊は『ミリタリーバランス2020』によっているが、第2と第3艦隊は2020版では記載がないため2019版のデータによる。数値は隻数。②揚陸艦には強襲揚陸艦（LHAまたはLHD）とドック型揚陸艦（LPD）を含む。

隊には空母1隻のほか巡洋艦と駆逐艦13隻と大きな戦力を配置しているのである。第7艦隊に比べると、第5艦隊と第6艦隊の戦力規模は小さい。また、前方展開している海兵遠征ユニットは、欧州にはなく、東アジアの沖縄に1個のみ置かれ、さらにグアムに1個海兵旅団装備セットが海上集積されている。

東アジアにおける前方展開戦力は、陸上戦力と航空戦力に加え、海上戦力と海兵隊が前方展開している点に特色があり、これらの部隊は東太平洋と米西海岸の主力戦力である第3艦隊などと連携することにより、強力な戦力発揮が可能となる態勢となっている。

第2節　中国とロシア

中国とロシアは、通常兵力に関しては、自国の近傍に前方展開する米軍とその同盟国軍を意識せざるを得ない環境下にあり、地理的や地政学的環境要因を考慮しつつ、米軍戦力が攻勢に出た場合にはこれを排撃できるように政策決定を行っていくこととなる。また、核戦略においては、米国、中国とロシアは互いの地理的距離を踏まえた核兵器運搬能力を整備するとともに、核攻撃の兆候をとらえる早期警戒能力を構築する必要があり、その能力レベルが3か国の相互関係を規定する要因となる。

中国の安全保障環境

中国は、ユーラシア大陸の南東端に位置しており、米中ロの三大軍事大国の相互関係において、米本土はロシア領を間に挟む形で最も遠い位置にある。米本土から遠いという地政学的な環境は、中国から米本土に対する戦力投射は難しいという不利な面がある反面、地域において米国の影響を排除できれば地域覇権を握りやすいという有利な面を有する。これに加え、ロシアとは友好関係にあるものの北京に程近い中国東北地域で国境線を接しているという条件は、中国の安全保障戦略に大きな影響を及ぼしている。

(1) 地理的環境

図5は北京を中心に据えた正距方位図であるが、中国の北方にはロシアがあって、北極海を隔てて米国が存在する位置関係になっており、米国への最短距離の空路での接近にはロシア領を経由する必要がある。また、太平洋を経由しての米国への接近に関しては、ユーラシア大陸東岸に連なる日本、台湾、フィリピンとつながる島嶼群(中国が呼称する「第1列島線」)が障害となり、自由な海洋活動を行う条件が整っていない。この島嶼群の一部をなす台湾は、中国の太平洋への足掛かりとして、非常に重要な地政学的位置を占めている。他方、中国東南岸に広がる南シナ海は中国からのアクセスが容易な広範な海洋であり、周辺国には強力な海上戦力が存在しないことから、中国の海上戦力の展開可能な後背地となりうる海域となっている。

そして、中国の国土は、西部は人口がまばらな砂漠や山岳地帯が広がっており、政治、経済などの社会活動の中心は東部の平野部と臨海部にあり、軍事活動も同地域が中心となる。

❶米国との関係

中国は米本土のある北米大陸とは隔絶しているものの、近傍の日本と韓国に米軍基地が存在しており、通常戦力に関しては、米国は中国に対し戦力投射可能なのに対し、中国から米本土には戦力投射が難しいという関係に立つ。また、核兵器による抑止を考えた場合、中国から米本土、特に首都の

図5　中国の地政学的位置

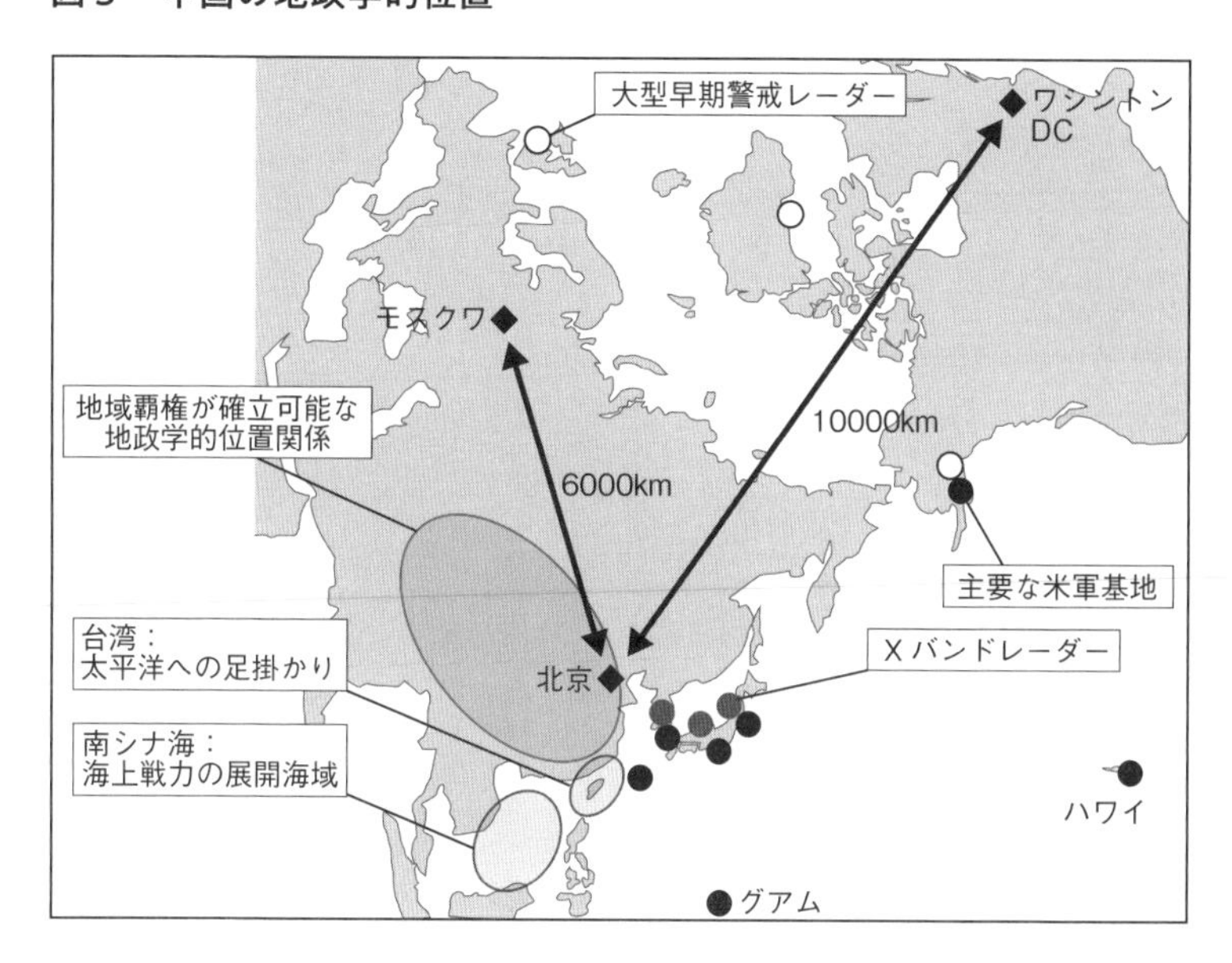

ある東海岸は約1万キロメートルの距離にあり、弾道ミサイルは早期警戒衛星と早期警戒地上レーダーによって補足されやすく、また、戦略爆撃機は、間にロシアの領空が広がっているため、米国本土への接近が阻まれる環境となっている。

在日米軍基地は、中国の海上戦力と航空戦力の太平洋への進出を妨げるような形で配置され、さらに太平洋の東方向にグアムとハワイの基地があることで、中国は海上戦力と航空戦力の作戦行動に制限を受けることになる。また、韓国と日本には弾道ミサイルの探知と追尾を目的としたXバンド・レーダー（AN/TPY-2）が3基配備されている（イメージ3）。このレーダーは、中国の米国向けの弾道ミサイルを直接監視するものではないものの、半径1000キロメートルの半球域をカバーする性能を持つがゆえに、北京に地理的に近い韓国への配備は中国を刺激するものとなっている。

イメージ3　Xバンドレーダー

❷ロシアとの関係

中国はロシアと国境を接しており、極東を担任するロシア東部軍管区は充実した陸上戦力と航空戦力を保有しているため、中国としては相当の戦力をロシアに対する備えとして配置せざるを得ない環境にある。中国の東北部の国境はロシア東部のハバロフスク側から中国北部を経て北京に侵攻可能な地形になっており、距離も1500キロメートルと近いのに対し、中国北西部の国境は、山岳地帯に阻まれるため中国西部から中央アジアを経てモスクワに侵攻しにくく、距離的にも遠い。中国は、ロシアとの関係では地理環境的に不利になっている（図6）。

地上の地形状況に左右されない核戦略面では、北京からモスクワまでは約6000キロメートルであり、中国西部の新疆からでは3000キロメートル程度の距離である。中ロ両国はその距離的近さから比較的射程が短い弾道ミサイルによる戦略抑止が成立可能な位置関係にある。近・中距離からのミサイル攻撃の場合は先制攻撃した側が優位になるため（ミサイルの飛翔時間が短いため、ミサイル飛翔中に報復攻撃が困難）、潜水艦発射

図6　北京・モスクワ周辺地形

の核弾道ミサイルのような第2撃能力が重要となるところ、中国は戦略ミサイル原潜の配備が完了し、ロシアと実質的な均衡を達成する条件が整ったことになる。

❸中国の早期警戒システム

中国は、数基の早期警戒レーダーを運用しているものの、[21]早期警戒衛星を運用していない。中国の地政学的位置からすると、米国との関係では中国東北部に大型のレーダーを設置するとともに、モルニア軌道と静止軌道に早期警戒レーダーを配置する必要があると考えられるが、米ロと並ぶような精緻な早期警戒システムは、現時点では構築されていない。なお、北京は極東ロシア領の南端から1500キロメートル程度の距離しかないため、ロシアが準中距離ミサイル[22]を配備した場合、ロシアに対する実効性ある早期警戒態勢を構築することは容易ではない。

（2）周辺国の軍事力

中国は、国境または海洋を介して多くの国または地域と接している。東アジアではロシア、モンゴル、北朝鮮、韓国、日本、台湾と接し、東南アジアではベトナム、南アジアではインド、パキスタンと比較的大きな軍事力を有する国に囲まれている。

南アジアは山岳地帯により中国と隔てられていたが、道路や鉄道の整備などにより、中国側から南アジアへの陸路でのアクセスが容易になっており、中国の南アジアへの軍事圧力が増大するとともに、中国側の対処の優先度が上がってきている。しかし、中国の軍事的対応の焦点は、依然として、陸上では極東ロシア、朝鮮半島とベトナムであり、海上では東シナ海と南シナ海を巡るものとなる。

表4は、中国とその周辺国の通常戦力を簡略化してまとめたものである。中国の軍事力は、地域では最大規模ではあるが、東アジアと南アジアは世界的にみても軍事力の集積が進んでいる地域であり、中国が必ずしも圧倒的というわけではない。陸上戦力に関しては、中国と陸続きの国である北朝鮮、韓国、ベトナムとインドはいずれも非常に大きな陸軍を保有しており、戦闘の核となる基幹旅団（機動戦闘部隊）[23]の規模では、中国は92個旅団と非常に大きいが、北朝鮮とインドはそれを超える水準となっており、韓国とベトナムも中国の3分の2弱程度の規模がある。他方、ロシアとモンゴルの陸上戦力はそれほど大きくなく、ロシアは中国の5分の1以下、モンゴルに関しては無視できる水準となっている。状況的には、中国は陸上戦力を東と南に振り向けやすくなっている。

海上戦力は、駆逐艦等の水上戦闘艦では中国が地域で最大規模の82隻態勢であり、日本と在日米軍戦力を加えても規模的に及ばず、韓国またはインドが加わって中国と並ぶ規模となり、さらに台湾が加われば中国に勝る状況となる。また、潜水艦では、原子力推進と通常動力推進合わせて55隻であり、日本と韓国の水準を大きく上回っている。航空戦力に関しては、中国は空軍に海軍所属機を加えた全体で1976機と圧倒的な数量の戦闘機を保有するとともに、近代化の進展に伴い、高性能の第4世代機の機数でも1080機と他国を大きく引き離している。第4世代機以降の戦闘機で比較した場合、日本、韓国と在日韓駐留米軍を合わせて781機であり、中国に300機程度及ばず、台湾の戦力を加えて規模的に中国を超える水準となる。

全体的には、地域最大規模の中国の戦力は、米国を中心とした周辺国の戦力とほぼ均衡しているものの、周辺国が単独で中

表4　中国とその周辺国の通常戦力の概要

	中国	ロシア東部軍管区	モンゴル	北朝鮮	韓国		日本		台湾	ベトナム	インド
					韓国軍	米軍	自衛隊	米軍			
総兵員	2,035		9	1,280	599	28	247	55	163	482	1,455
陸軍	975	80	8	1,100	464	19	150	2	88	412	1,237
基幹旅団	92	13	2	93	50	1	26		13	59	131
海軍	250			60	70	0	45	20	40	40	66
潜水艦	55	15		20（72）	16		21		4	6（8）	16
水上戦闘艦	82	8		2	26		51	14	26	4	27
海兵	25				29	0		19	10	27	1
空軍	395		0	110	65	8	46	12	35	30	139
戦闘機	1,976	254		465	483	84	338	188	412	72	719
第4世代機	1,080	152		18	229	60	304	188	325	46	414
防空ミサイル	1,406	280		350	206	52	288	24	202	66	396

注①『ミリタリーバランス 2020』による。総兵員、陸軍、海軍と空軍は 1000 人（単位未満は切り捨て）、その他はアセット数（隻数、機数、ランチャー数）を単位としている。②ロシア東部軍管区の陸軍兵員数は防衛白書（令和２年版）の極東ロシア軍の数値に従った。③基幹旅団は、機動戦闘部隊である機甲、装甲、軽歩兵，航空機動歩兵と水陸両用部隊の旅団数。１個師団は２個旅団に換算。インドは編制が大きいため３個旅団に換算。④潜水艦は戦略ミサイル潜水艦を除く正規の攻撃型潜水艦（SSN、SSGN または SSK）の隻数。カッコ内は小型潜水艦や半潜水艇を含む隻数。5. 水上戦闘艦はフリゲート艦クラス以上の大型の主要水上戦闘艦。空母は含まれるが、コルベット艦、強襲揚陸艦などは含まず。6. 戦闘機は、要撃機、戦闘攻撃機と攻撃機の合計機数。空軍所属の機数に加え、海軍と海兵隊所属の戦闘機を算入。なお、第４世代機は戦闘機の内数で、第５世代戦闘機を含む。7. 韓国の第４世代戦闘機には国産の FA-50 を含めず。8. ロシア東部軍管区、在韓・在日米軍、ベトナムとインドの防空ミサイル基数（ランチャー数）は、防空部隊規模等からの概算。陸軍と海軍所属のものを含む。

国と軍事的に対峙することは極めて難しい状況となっている。中国は、地域において米国の影響力を低下させ、周辺各国の連携を分断することに成功すれば、中国の戦力規模に変動がなくともその軍事的影響力を拡大することが可能となる。

ロシアの安全保障環境

ロシアは、ユーラシア大陸の北端に位置し、欧州とアジアにまたがって東西に広がる地政学的位置を占めている。米中ロの三大軍事大国の相互関係において、ロシアは、米国と中国との中間にあるものの、政治経済の中心である首都モスクワの位置関係から欧州と米本土を意識しやすい環境にある。核戦略面では北極海を挟んで米国と対峙しており、北極方向に対する警戒監視が必要であり、通常戦力では欧州と中央アジア方面の西と南の正面と太平洋に臨む極東地域の東の正面という大きく2つの方向に戦力を割く必要があり、戦力の集中が難しい環境にある。

(1) 地理的環境

ロシアの国土は、極東からモンゴルを経てカザフスタンに至るまでの国境線に沿って山岳地帯が連なっており、国境付近の多くの地域は陸上の軍事活動に適さない地形となっている。カザフスタン以西の国境線は基本的に平地に引かれており、トルコ・イラン方向のジョージアとアゼルバイジャンの国境線のみが山岳を貫いている。また、図7で示したように国境線の多くはフィンランド、ベラルーシ、カザフスタン、モンゴルなどの緩衝国や同盟国によって形成されている。大都市の多くはウラル山脈以西の地域に集中しており、軍事施設も多く存在している。

ロシアは自由にアクセスできる海域が少ないという特徴がある。北極海の多くは氷で閉ざされて活動に制限があり、大西洋へはノルウェー、アイスランドと英国で囲まれた海域を通過する必要があるなど制約を受けやすい環境にある。千島列島で囲まれたオホーツク海は海軍が自由に活動できる海域であり、米国に近い位置関係にあることから有用性が高くなっている。

❶米国との関係

図8はモスクワを中心に据えた正距方位図

図7　ロシアの国境状況

であるが、米国とその間にはグリーランドとカナダが存在しているものの、戦略的には北大西洋と北極海を隔てて直接対峙しているといっても過言ではなく、戦略ミサイル原潜と戦略爆撃機が2つの大海を超えて北米大陸に接近できる位置関係にある。他方、通常戦力に関しては、ロシアは北米大陸と距離的に隔絶しており、足場となる基地もないことから、米国に戦力投射することは困難となっている。

ロシアのミサイル関連活動は、米国の大型の早期警戒レーダーと宇宙空間の早期警戒衛星

図8　ロシアの地政学的位置

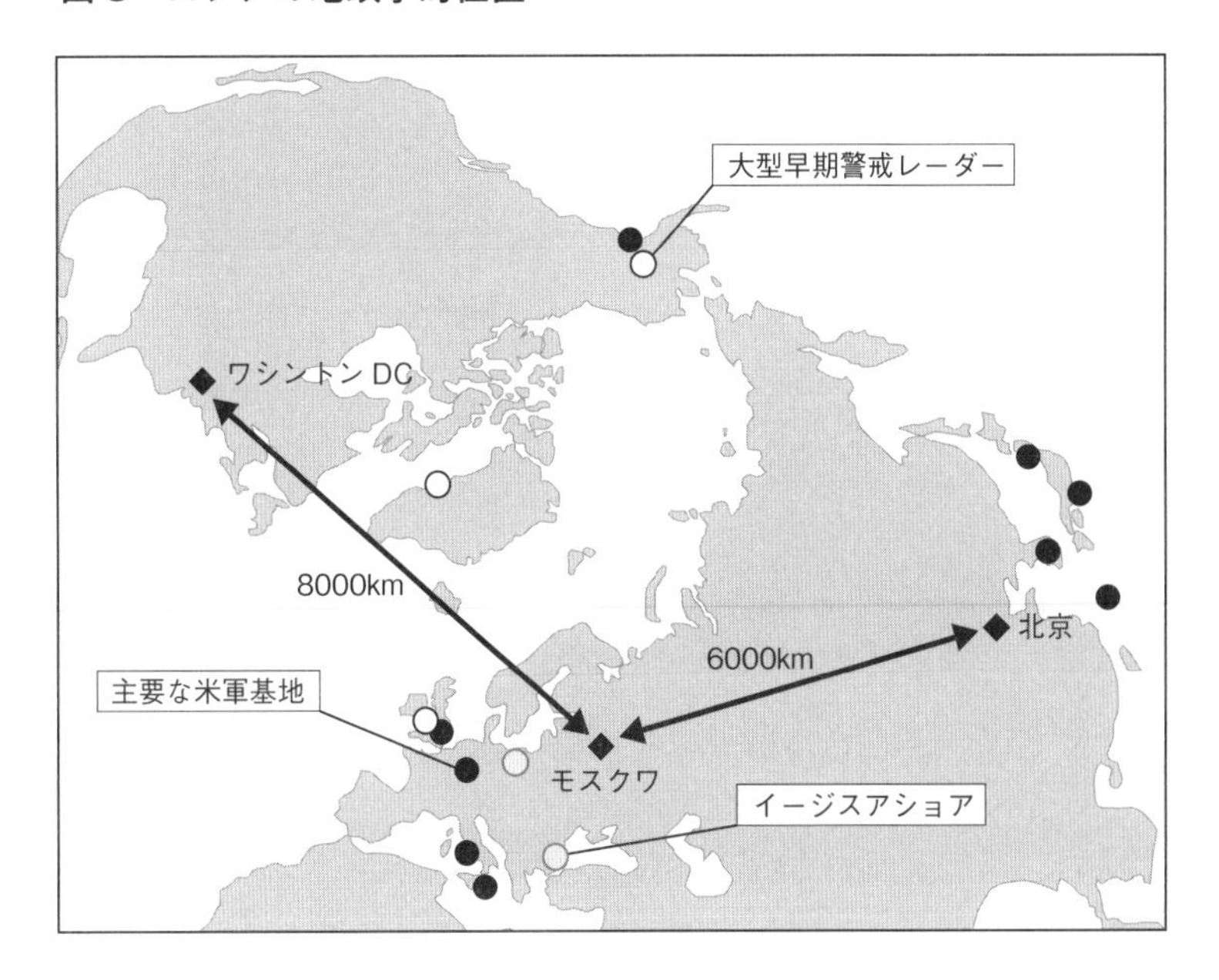

により、網羅的に監視されている。また、欧州方面では、ポーランドとルーマニアに米軍のイージスアショアが配備され、さらにその外側の英国、ドイツとイタリアに主要な米軍駐留基地が置かれている。ロシアから見れば、首都モスクワに戦力投射可能な米国とＮＡＴＯの通常戦力がミサイル防衛網を伴う状態で配置され、脅威と映る状況となっている。

❷中国との関係

中国との国境は、モンゴルとカザフスタンとのすき間で新疆ウイグル自治区と接するわずか54キロメートルの部分と極東の中国東北部との境の４０００キロメートルに及ぶ部分の2つがあり、過去には国境を巡って武力紛争もあったものの、２００４年までに中ロ両国間で国境が画定されており、中ロ国境の状況は安定している。前述のとおり、ロシア側には、中国の首都北京まで直線距離で１５００キロメートルの位置にハバロフスクがある一方、中国側はモスクワに通常戦力を投射することが困難な環境にあり、通常戦力を巡る環境面ではロシア側が有利となっている。

地上の地形状況に左右されない核戦略面では、モスクワから北京までの距離は約６０００キロメートルであり、ハバロフスクからはさらに近距離となる。これまではロシアはＩＮＦ全廃条約によって射程５００～５５００キロメートルの地上発射型の弾道ミサイルの保有・配備が禁止されていたため、ロシアの極東領土が北京に近いという地理的優位性を活かすことができなかったが、ＩＮＦ全廃条約が失効した現在は中距離、準長距離ミサイル等が配備可能となっており、中国に対する戦略的優位性が増している。

❸ロシアの早期警戒システムとミサイル防衛

戦略核兵器に関しては、ロシアは米国と抑止均衡を保っており、中国を含めて追随を許さない高い能力を有している。ロシアも攻撃兵器である核兵器を単に保有するのではなく、相手（米国）のミサイル発射等を探知する早期警戒システムを整備して警戒監視体制を整えるとともに、弾道ミサイル迎撃システムを配備している。特に監視に関しては、ロシアは冷戦終結直後の経済的困難期においても、多額の運用経費が必要となる早期警戒衛星を打ち上げ、更新を行っていた。

ロシアの早期警戒衛星は、米国と同じく静止軌道で監視するものも過去にはあったが、現在の新型の早期警戒衛星はいずれも北極方向に軌道が偏る周回軌道（モルニア軌道）で運用されている。現在は3機が投入されており[24]、24時間監視態勢が可能となっている。監視が北極圏に偏っており、米国のようなグローバルな弾道ミサイル監視とはなっていない。

早期警戒のもう一つの柱である地上配備の大型早期警戒レーダーは、国外2か所を含めて12か所に設置しており、そのうちモスクワ近傍の1か所は送受信機が別の場所にあって地平線を超えて地表に沿って走査可能なＯＴＨレーダー[iii]を配備している（図9）。ロシアの早期警戒レーダーは米国の大型早期警戒レーダーに匹敵する性能を有しており、２００９年以降配備された5基（ヴォロネジ―Ｍ）は宇宙空間方向には８０００キロメートル、水平方向には６０００キロメートルの覆域を有するフェーズド・アレイ・アンテナで構成されるシステムであり（イメージ4）、弾道ミサイル、人工衛星や航空機を探知・追跡する能力を有している。

早期警戒レーダーの配置としては、4基は中国を意識してイルクーツクからアルタイ山系の北側を経てカザフスタンまでに配備し（うち1基はカザフスタンに設置）、7基をモスクワを四方から取り込むように配

iii 通常のレーダーが使用する電波は発信源から直進する性質を持つところ、地球は球状のため、通常のレーダーでは水平線を超えて地上や海洋表面を監視することはできない。電離層の反射や短波帯の地表波を利用するＯＴＨ（Over the Horizen）レーダーは、水平線を超えた地表を観測することができる。

図９　ロシアの早期警戒レーダー配置

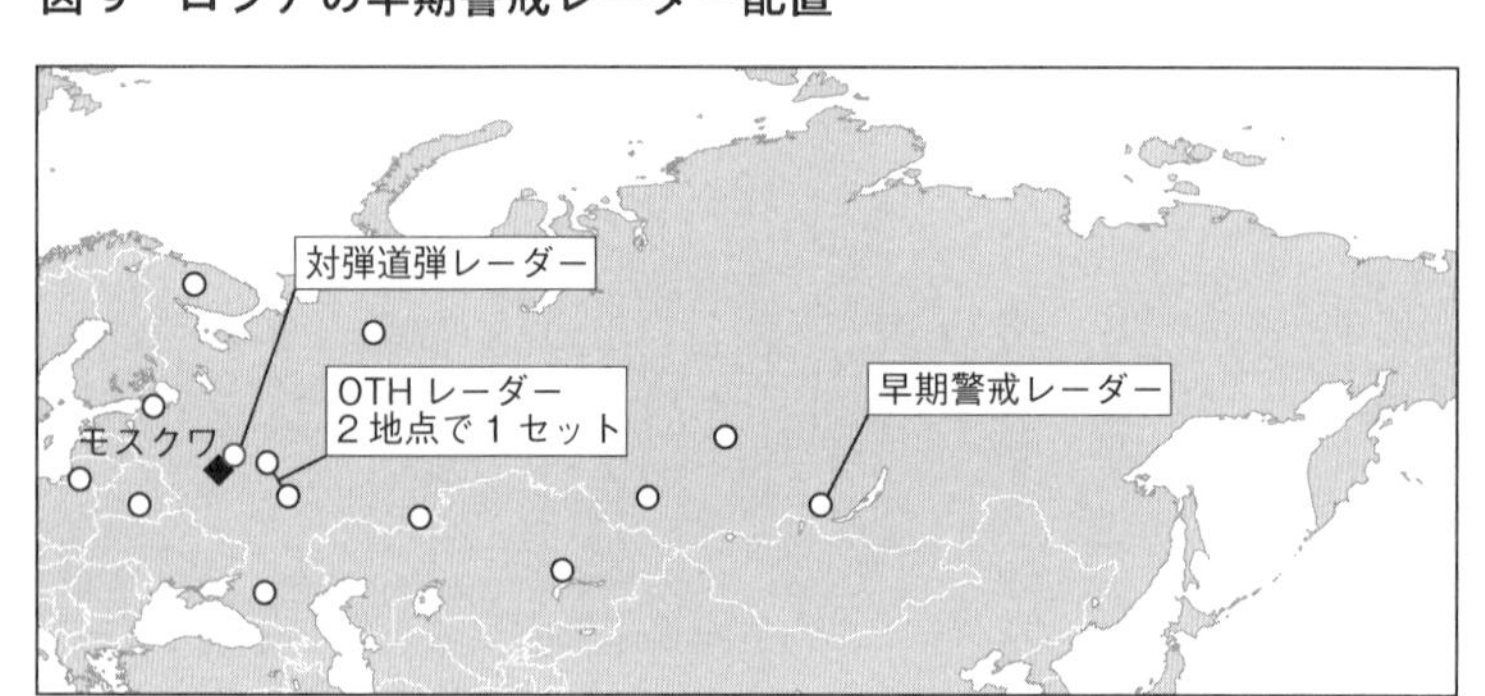

備している（うち1基はベラルーシに設置）。配置から見ると、ロシア全土を防衛するのではなく、モスクワ周辺の欧州側の中心地域の防御を固めるものとなっている。

収集された早期警戒情報は、S－300とS－400の弾道ミサイル能力を有する防空ミサイル・システムと連携するとともに、モスクワにあるミサイル防衛システム[iv]とも連結されている。核弾道ミサイルと判定した場合は、報復攻撃を行うとともに、対弾道ミサイル（ABM［Anti-Ballistic Missile］）である53T6（NATOコード：ABM-3 Gazelle）が発射され、飛来する核弾頭を迎撃することになる。このABMの弾頭は広島型原爆とほぼ同出力の10キロトンの核弾頭であり、地上から約100キロメートル上空の宇宙空間で迎撃するものである。直撃で破壊する方式の米国のキネティック弾頭と異なり、広範囲に及ぶ核爆発の破壊力で飛来する核弾頭を無力化する効果を狙っている。

イメージ4　ヴォロネジ-M

iv　A－135 anti-ballistic missile systemが、Don－2Nレーダー（イメージ5）で追尾し、53T6ミサイルで迎撃する。

（2）周辺国の軍事力

ロシアは南の長い国境線のうち、東アジアから中央アジアにかけての大部分は、モンゴルとカザフスタンと接しているが、両国の総兵力は非常に小規模であり、ロシアとの関係も良好であるため、ロシアは戦力の重心を東西に置くことのできる環境を獲得している。

表5は、ロシアと国境を接する欧州周辺国の戦力を簡略化してまとめたものである（ロシアの飛び地であるカリーニングラードと接する国を除く。極東方面は表4参照）。ここからわかるように、極東方面とウクライナを除くと、ロシアと国境を接する国の戦力は驚くほど小さく、ロシアの軍事力からすれば簡単に圧倒できる水準となっている。

イメージ5　Don-2N

欧州方面で唯一大きな戦力を有しているのがウクライナであり、ロシアとしても無視しえない大きな陸上戦力と航空戦力とを有している。他方、極東方面では、中国や北朝鮮と国境を接しているが、両国ともロシアを超える大きな陸上戦力を有しているほか、中国は海上戦力と航空戦力でもロシアよりも規模が大きくなっている。但し、極東はロシアの政治・経済などの社会的中心地ではなく、また、戦略核兵器による抑止効果もあるため、極東地域における通常戦力の不均衡が直ちに軍事的脅威になっているわけではなく、むしろ、首都モスクワに近いウクライナの戦力の動向が、ロシアに対する軍事的脅威に直結すると考えられる。

ロシアの軍事的正面は、西のNATO、南のカフカス、東の極東地域の3つとなっているが、南正面は、チェチェン紛争後、テロの脅威が未だあるものの、大規模な軍事作戦を行うような状況ではなく、軍事的脅威があるのは米国を中心とする軍事同盟と対峙する東西の2つの正面であり、特に首都モスクワに近い欧州正面をいかに管理す

表5　ロシアとその周辺国の通常戦力の概要

	ロシア	ノルウェー	フィンランド	バルト3国	ベラルーシ	ウクライナ	ジョージア	アゼルバイジャン	カザフスタン
総兵員	900	23	21	32	45	209	20	66	39
陸軍	280	8	15	16	10	145	19	56	20
基幹旅団	46	1	(13)	5	4	19	7	23	8
海軍	150	3	3	1		11		2	3
潜水艦	39	6							
水上戦闘艦	33	4				1			
海兵	35					2			
空軍	165	3	2	2	11	45	1	7	12
戦闘機	1,045	57	62		58	116		36	110
第4世代機	735	57	62		36	71		15	82
防空ミサイル	1,300	16			168	322	12	不明	36

注①『ミリタリーバランス2020』による。数値は、総兵員、陸軍、海軍と空軍が1000人（単位未満は切捨て）、その他がアセット数（隻数、機数、ランチャー数）を単位としている。②基幹旅団は、機動戦闘部隊である機甲、装甲、軽歩兵の旅団数。1個師団は2個旅団に換算。③フィンランド陸軍は平時に管理機能しか持たないため、基幹旅団数には予備役組織の規模を記載。④潜水艦は戦略ミサイル潜水艦を除く正規の攻撃型潜水艦（SSN、SSGNまたはSSK）の隻数。水上戦闘艦はフリゲート艦クラス以上の大型の主要水上戦闘艦であり、空母は含まれるが、コルベット艦などは含まず。⑤戦闘機は、要撃機、戦闘攻撃機（マルチロール機）と攻撃機の合計機数。空軍所属の機数に加え、海軍所属の戦闘機を算入。なお、第4世代機は戦闘機の内数。⑥防空ミサイルには地点防衛用は含まず。ロシアは空軍所属分に加え陸軍と海軍のものを算入。ノルウェー、ベラルーシ、ジョージアとカザフスタンの防空ミサイル基数（ランチャー数）は、部隊規模からの概算値。

るかが、ロシアにとって重要である。

通常戦力に関しては、米国・NATOとロシアとの戦力とを比較して、欧州における戦力バランスを考察する必要があるところ、この点は、後述の「軍事的対峙の現場その2－東欧」で詳しく説明することとするが、全体的な戦力バランスは米国・NATO側が優勢となっている。

第3章　軍隊の基礎知識

国際軍事情勢を考察する際には軍事的能力の比較が不可欠であるが、各国の軍隊は部隊編成や装備している兵器の種類が異なっており、単純な比較はなかなか難しい。しかし、軍隊は組織的に武力という実力を行使するという点は共通し、軍隊組織の構成モデルは歴史的な経緯から似通っていることから、組織単位で整理すると近似的なものではあるが簡易に比較可能となる。

軍隊の組織構成は、陸海空軍で軍種ごとの特性があるため、それぞれの組織構成について一定の理解が必要となる。装備については、優劣があるものの、米中ロのみならず先進工業国各国が開発に凌ぎを削っており、基本的に同等クラスの装備品であれば能力に大きな差異はないとの前提に立っても差支えないと考えられる。装備は戦闘組織である部隊に配備されるため、装備の問題は基本的に軍隊の組織構成の比較に落とし込むことが可能である。但し、数量がそのまま戦力を示すような艦艇や戦闘機などは数量的な考慮が必要であるとともに、数量的な優劣を大きく覆すような装備（いわゆる「ゲーム・チェンジャー」と呼ばれるもの）については、別途考慮する必要がある。

第1節　陸上戦力

まず、陸上戦力では、機動戦闘部隊が戦力の基幹となる。機動戦闘部隊とは、地上を制圧し占領することができる戦闘部隊であり、機甲（戦車主体）、機械化（歩兵戦闘車や装甲車が主体）と軽歩兵（自動車化、空挺、山岳など）[v]部隊がこれにあたる。機動戦闘部隊を支援する戦闘部隊（「戦闘支援部隊」と呼称する）として砲兵、戦闘ヘリ、防空などの部隊があり、さらに直接戦闘を行わない支援部隊（「非戦闘支援部隊」と呼称する）として工兵、電子戦、通信、核生物化学兵器対処部隊などが編成されている。これらの多種多様な部隊を指揮して効率的に戦力発揮させる組織が司令部ということになる。このような構造を前提にすると、陸上戦力は、司令部と機動戦闘部隊による比較に単純化できる。

一般に陸上配備の部隊は、近代陸軍が成立して以降、大きなものから順に、軍団または軍、師団、旅団、連隊、大隊、中隊、小隊という単位により編成されてきている。本書では『ミリタリー

v　機械化は装甲車による兵員輸送能力のある部隊で、自動車化はトラックによる輸送能力のある部隊をいう。山岳は高地での活動に適するよう踏破性の高い車両やヘリを装備している。

バランス』のデータをもとに戦力比較を行うところ、右資料では
それぞれの単位の兵員規模を表6のように規定している[25]。単位が
バラバラでは比較が難しくなるし、戦略的観点から考察するには
連隊以下の単位は細かすぎるので、比較には旅団単位に換算して
行うのが単純で良いと考えている。そして、司令部組織は複雑な
指揮活動を行う師団以上のものが意味を持つが、国家間の軍事バ
ランスという大きな観点で見る場合は、複数の師団や旅団を運用
する軍団レベルの組織の数が運用能力を比較する指標となる。

表6　部隊単位と兵員規模

部隊単位	兵員規模（人）
中隊	100-200
大隊	500-1,000
（連隊）	(1,500-2,000)
旅団	3,000-5,000
師団	15,000-20,000
軍団（軍）	50,000-100,000

注：連隊の記述は『ミリタリーバランス』にはないため、筆者が付記。

第2節　海上戦力

海上戦力では、大型艦艇は1隻で一つの部隊と考えられるので、艦艇の数を比較することで軍事バランスを測ることが可能である。基幹となる戦力は、潜水艦と主要水上戦闘艦艇である。海上戦力としての潜水艦は、原子力推進潜水艦と通常動力推進潜水艦があるが、速力や兵装が大きく異なるので両者は区別して比較する必要がある。また、主要水上戦闘艦は、具体的には空母、巡洋艦、駆逐艦とフリゲート艦という比較的排水量の大きな戦闘行為を行う艦艇であり、これらをクラス別に隻数を比較することにより、戦力バランスを測ることができる。空母に関しては艦

載機の機数が重要になるし、潜水艦を抑止するという点では対潜哨戒機と対潜ヘリが重要となるため、これらも比較して考察することが必要である。また、海洋を越えて沿岸から侵攻する水陸機動部隊も別途考慮する必要があり、着上陸戦力である海兵隊または海軍歩兵に加え、これを輸送する揚陸艦や輸送艦の比較が必要となる。

第3節 航空戦力

航空戦力では、直接戦闘を実施する戦闘機で構成される飛行隊の個数と戦闘機の機数が重要であり、これを指標として比較するのが単純でわかりやすい。戦闘機には、対戦闘機戦闘を主任務とする要撃機、対地・対艦攻撃を主任務とする攻撃機と双方の任務に対応できる戦闘攻撃機（マルチロール機）があり、本書ではこの3種類の航空機を包含する概念として戦闘機を定義し、要撃機、戦闘攻撃機と攻撃機の区分は、『ミリタリーバランス』のFTR、FGAとATKの分類に従うことにしている。戦闘機は、F-15（第4世代戦闘機）とF-35（第5世代戦闘機）がそうであるように、世代ごとにその能力が大きく異なっており、特に航空優勢の獲得には第4世代機以降の戦闘機が重要な役割を果たすため、その機数に注意を払う必要がある。戦闘機の運用単位としては、米空軍の場合、飛行隊（squadron）が基本となっており、1個飛行隊は20機程度の機体を運用する組織である。飛行隊が2個から3個集まって航空隊（wing）を構成し、航空隊が2個から3個集まって空軍[26]（air force）となる。[vi] 戦闘機以外の作戦機は、種類によって飛行隊に所属する航空機の機数は異なり、爆撃機などの大型の航空機は1個飛行隊あたりの機数は少なくなる。

要撃機、戦闘攻撃機と攻撃機では機能が異なるため、これら全てを含む戦闘機という指標は必ずしも単純な比較に適さない面もあるが、新型の戦闘機であればあるほど、マルチロール性を求められているので、本書では戦闘機というカテゴリーに単純化して記述する場合もある。

また、戦闘機は防空ミサイル部隊が存在すると自由に作戦行動をとることができなくなるため、航空機の抑止の観点から防空ミサイル部隊の規模と装備するミサイルの性能（長距離、中距離と短距離の別）も重要となる。さらに、交戦が極めて短時間に行われる空戦の特質上、情報の有無がその優劣に直結することになるので、情報収集や情報攪乱などを実施する作戦支援機の状況にも注意を払う必要がある。

なお、航空機には、固定された翼（可変翼を含む）により揚力を発生させ飛行する戦闘機などに代表される「固定翼機」と、翼を回転させて揚力を得る「回転翼機」（ヘリコプター）という区分があり、軍事用語としてしばしば使用される。

vi　組織が大きくなるに従って、戦闘機だけでなく各種の支援機も部隊に所属することになるが、ここでは戦闘機について着目した表現としている。中国の場合、飛行隊に相当するのが旅団であり、航空隊に相当するのが師団または基地となる。ロシアの場合、飛行隊規模は20機程度と米国と同じであり、航空隊に相当するのが連隊であり、2個飛行隊規模の40機程度を運用する。

第4節 弾道・巡航ミサイル戦力

センサー技術と誘導技術の発達に伴い、遠距離精密打撃能力を備えるに至ったミサイル戦力は、核戦略から個々の作戦行動における戦闘場面に至るまで、非常に大きな役割を果たすツールとなっている。

兵器としてのミサイルは、破壊力（弾頭出力）の観点から、核弾頭搭載と通常弾頭搭載のものに大別される一方、発射母体の違いから、陸上、海洋（水中を含む）と空中発射という区別がある。また、ミサイルの飛翔方式による区別として、ロケットエンジンまたはロケットモーターのミサイル（弾道ミサイルと一般の対地・対艦・対空ミサイル）とジェットエンジンの巡航ミサイルに分けられる。

各種ミサイルのうち、ロケットエンジンを搭載して地上または海上から発射されて弾道コースを飛翔するものが弾道ミサイルであり、地上発射のものは射程に応じて大陸間弾道ミサイル（ＩＣＢＭ）、中距離弾道ミサイル（ＩＲＢＭ）、準中距離弾道ミサイル（ＭＲＢＭ）と短距離弾道ミサイル（ＳＲＢＭ）に区分される（表7）。潜水艦に搭載され発

表 7　弾道ミサイルの射程区分

短距離弾道ミサイル (Short-range ballistic missile: SRBM)	1,000 km 以下
準中距離弾道ミサイル (Medium-range ballistic missile: MRBM)	1,000–3,000 km
中距離弾道ミサイル (Intermediate-range ballistic missile: IRBM)	3,000–5,000 km
大陸間弾道ミサイル (Intercontinental ballistic missile: ICBM)	5,000 km 以上

射される弾道ミサイルは、射程にかかわらず、一般にＳＬＢＭ（Submarine-Launched Ballistic Missil）と呼ばれる。巡航ミサイルは航空機と同じ原理で飛翔するため射程は最大で２５００キロメートル程度となる。陸上発射の巡航ミサイルはＧＬＣＭ（Ground Launched Cruise Missile）、海洋発射はＳＬＣＭ（Surface-ship/Submarine Launched Cruise Missile）、空中発射はＡＬＣＭ（Air Launched Cruise Missile）と呼ばれ、攻撃対象に着目した場合、対艦巡航ミサイルをＡＳＣＭ（Anti-Ship Cruise Missile）、対地巡航ミサイルをＬＡＣＭ（Land-Attack Cruise Missile）と呼称している。

以上の弾道・巡航ミサイルのいずれも核弾頭を理論上は運搬可能であるが、実際の運用においては保安と安全性の確保のため、核ミサイルは特別の仕様を備えたものが使用される。

なお、米ロはＩＮＦ全廃条約により陸上発射の中距離ミサイルの保有等は禁止されていたが、この条約の中距離ミサイルの定義は弾道・巡航ミサイルの区別なく５００〜５５００キロメートルの射程を持つものであり、前述の弾道ミサイルの射程区分ではＳＲＢＭ、ＭＲＢＭ、ＩＲＢＭなどが含まれていた。

第5節　核戦力

核兵器には大出力の決戦兵器となる戦略核兵器と戦場での優位性を確保するための戦術核兵器

が存在する。戦略核兵器は、核の三本柱と呼ばれる大陸間弾道弾（ＩＣＢＭ）、戦略ミサイル原潜と戦略爆撃機という運搬手段を用いて核弾頭または核爆弾が遠距離にある相手国の本土に投射される。戦術核兵器は、近距離にある相手側の部隊、軍事施設等へ投射され、その運搬手段には射程が比較的短い各種ミサイルのほか、マルチロール機や攻撃機が用いられる。過去には、核砲弾も戦術核の一種として存在していた。

戦略核兵器と戦術核兵器の区別は、米ロの二国間条約である戦略兵器削減条約（ＳＴＡＲＴ条約）の規制を受けるものを戦略核兵器とし、それ以外を戦術核兵器とする区別が一般的であり[27]、その意味で中国には戦略と戦術の区別がないと言える。しかし、核兵器を機能面から考えた場合、戦略核兵器と戦術核兵器との違いは、前者は敵対する国の本土を直接攻撃し、大規模な破壊をもたらす大出力の兵器であるのに対し、後者の戦術核兵器は対峙する特定の敵部隊を壊滅させるために使用をする比較的低出力の兵器である点にある。

具体的に米国の例を挙げれば、戦略核の代表例であるＩＣＢＭのミニットマンⅢのＷ87核弾頭の出力は３００キロトン[vii]であるのに対し、Ｆ－15などの戦闘機に搭載する戦術核爆弾Ｂ－61の出力は０・３から１７０キロトンまでの可変出力となっている。ロシアに関しては、戦略核であるＩＣＢＭのトポルＭの弾頭出力は８００キロトンと大出力となっているのに対し、戦

vii　爆発エネルギーを、同じエネルギー量を持つトリニトロトルエン（ＴＮＴ）爆薬の質量に換算した出力。Ｗ87弾頭の出力は30万トンのＴＮＴ爆薬に相当し、10キロトンの広島型原爆の約30倍の出力。

術核である地上発射型短距離ミサイルのイスカンデルMの弾頭出力は10から100キロトンの可変出力となっている。なお、中国の核兵器弾頭はいずれも200から300キロトンの大出力であり、戦術核兵器と呼べるものはなく、全てが戦略核兵器となっている。[28]

なお、「核兵器」という用語は、狭義では爆発エネルギーを放出する核爆発装置を組み込んでいる核弾頭または核爆弾を指し、広義では核弾頭または核爆弾と運搬手段であるミサイル、艦艇、航空機などを組み合わせた兵器システムを指す。一般的には、広義で使用されることが多い。

第4章 米中ロ三大軍事大国の戦力比較

国際軍事情勢を見る際の前提条件として、軍事大国の戦力の状況を知る必要がある。軍事大国の定義として軍事力の優劣をいかに測るのかについては議論があるところではあるが、米国、中国とロシアの3か国が世界の三大軍事大国とすることに異を唱える人は少ないと考えられる。

表8は、防衛白書（令和2年版）に示された陸海空別の兵力一覧[29]であり、海上兵力と航空兵力では米中ロの3か国がトップ3を占めている。しかし、陸上兵力では中国が3位、米国は4位であり、意外なことにロシアは10番目に過ぎない。米国は4位となっているが、これは陸軍と海兵隊を合計した兵員数であり、陸軍だけでみるとイランに次ぐ第7位と順位が下がる。

また、核兵器不拡散条約（NPT）に基づく核不拡散体制における核兵器国は、米中ロ英仏の5か国であるが、これに加えてインドとパキスタン、イスラエルの3か国が事実上の核保有国とされる。北朝鮮も核開発を推進している。グローバルなパワーバランスを考えるにあたっては、この中でも米中ロの3か国に注目し、核兵器の種類と数を比較する必要がある。

以下では、『ミリタリーバランス』やSIPRIのデータを用いて、米中ロ3か国の通常と核の双方の戦力を具体的に比較して、相互の力関係を整理しておきたい。

第1節 通常戦力

兵力規模と国力

表9は、米中ロ三か国の兵員規模と国力を比較したものである。総兵員数でみると、中国の兵員規模が最も大きく、米国の約1・5倍、ロシアの2倍強の204万人となっている。2番目に多いのは米国の138万人で、

表8 主要国・地域の兵力一覧（概数）

陸上兵力（万人）			海上兵力（万トン［隻数］）			航空兵力（機数）		
1	インド	124	1	米国	689（980）	1	米国	3,560
2	北朝鮮	110	2	ロシア	205（1,130）	2	中国	3,020
3	中国	98	3	中国	197（750）	3	ロシア	1,470
4	米国	67	4	英国	68（130）	4	インド	890
5	パキスタン	56	5	インド	48（320）	5	韓国	620
6	イラン	50	6	フランス	40（260）	6	エジプト	600
7	韓国	46	7	インドネシア	28（180）	7	北朝鮮	550
8	ベトナム	41	8	韓国	26（240）	8	台湾	520
9	ミャンマー	38	9	イタリア	23（180）	9	サウジアラビア	440
10	ロシア	33	10	トルコ	22（200）	10	パキスタン	430
	日本	14		日本	50（140）		日本	380

注①陸上兵力は Military Balance 2020 上の Army の兵力数を基本的に記載*、海上兵力は Jane's Fighting Ships 2019-2020 を基に艦艇のトン数を防衛省で集計、航空兵力は Military Balance 2020 を基に防衛省で爆撃機、戦闘機、攻撃機、偵察機等の作戦機数を集計。②日本は、令和元年度末における各自衛隊の実勢力を示し、作戦機数（航空兵力）は航空自衛隊の作戦機（輸送機を除く）および海自の作戦機（固定翼のみ）の 合計。

＊1万人未満で四捨五入。米国は、陸軍 48 万人のほか海兵隊 19 万人を含む。ロシアは、地上軍 28 万人のほか空挺部隊 5 万人を含む。イランは、陸軍 35 万人のほか、革命ガード地上部隊の 15 万人を含む。

表９　米中ロの兵員規模と国力

	米国	中国	ロシア	日本（参考）
総兵員(千人)	1,379	2,035	900	247
予備役	849	510	2,000	56
陸軍	481	975	325	150
海軍	337	250	150	45
海兵	186	(25)	(35)	
空軍	322	395	165	46
国防費($bn)	730	181	61.6	48.6
国防費/GDP	3.4	1.3	3.8	0.9
ppp国防費	730	350	164	54
ppp国防費/総兵員	0.53	0.17	0.18	0.22
GDP($tr)	21.4	14.1	1.64	5.15
pppGDP	21.4	27.3	4.35	5.75
総兵員/人口	4.17	1.46	6.38	1.98
人口(ml人)	331	1,397	141	125

注①『ミリタリーバランス2020』による。総兵員等の兵員数は1000人、国防費は10億米ドル、GDPは1兆米ドル、人口は100万人を単位としている。②ロシアの陸軍には空挺軍兵員数を合算。中ロの海兵は海軍兵員の内数。③国防費に関しては、米国とロシアは2019年の国防支出、中国と日本は国防予算。④GDPは2019年の数値。pppGDPは国際通貨基金の「World Economic Outlook Database, October 2019」による。⑤「総兵員／人口」は人口1000人当たりの兵員数を示す。

ロシアは90万人と米国より48万人程度少ない水準となっている。各国の兵員を支える総人口は、当然のことながら中国が圧倒的に多く14億近い人口を抱えるのに対し、米国は3億人強、ロシアは1・4億人に過ぎない。人口1万人あたりの兵員数はロシアが64人、米国が42人であるのに対し中国は15人に過ぎず、ロシアと米国の社会的負担が大きくなっている。

中国の総兵員数が大きい要因は、陸軍の規模が大きいことによる。図10は米中ロの各軍種の兵員比率を示したものであるが、中国陸軍の兵員数は総兵力の48パーセントの98万人であるのに対し、米国は陸軍比率が36パーセントと中国よりも低く、兵員数も48万人と中国の半数以下となっている。ロシアはさらに米国の半数程度の28万人（空挺軍を含めて33万人）である。海軍については、米国が最も規模が大きく34万人であり、中国はその3分の2程度の25万人、ロシアは米国の半数の15万人である。水陸両用部隊である海兵につ

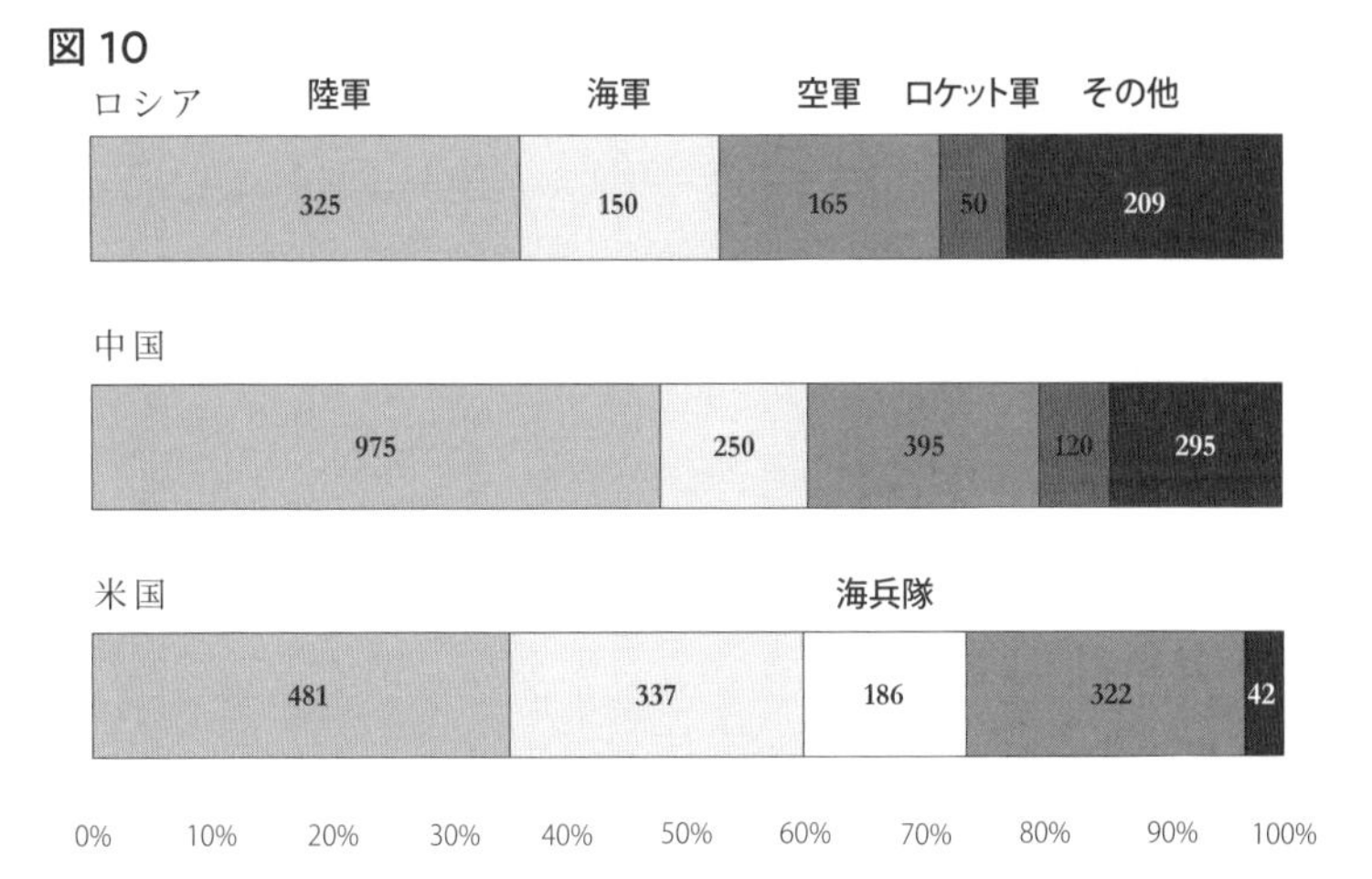

いては、米国の充実ぶりが顕著であり、18万人を超える規模であるのに対し、中国は2・5万人、ロシアは3・5万人である。空軍は、米国が32万人であるが、中国は米国より8万人上回る40万人であり、ロシアは米国の半数程度の17万人である。

また、国防費に関しては、米ドル換算ベースで最も大きいのは米国であり、7300億ドルとなっている。中国はその約4分の1の1810億ドル、ロシアは米国の10パーセントにも満たない616億ドルと、圧倒的に米国の国防費が大きい。但し、各国の物価水準が同一でないため、3か国の国防費を単純に各国通貨の米ドル換算ベースで比較しても実態に沿うものとならない。そこで、国際通貨基金（IMF）が米ドルを基準として各国GDPをppp（購買力平価：purchasing power parity）ベースで示したデータ[30]に基づき、pppベースの国防費（以下「ppp国防費」という）を算出すると、中国は米国の2分の1の3500億ドル、ロシアは5分の1強の1640億ドルとなる。兵員1000人あたりのppp国防費に関しては、米国は5・3億ドルであるのに対し、中国とロシアは2億ドル程度に過ぎず、米国は兵員1人あたりにすると中国とロシアの追随を許さない多額の費用を投入している。これは、米軍部隊の装備が充実していることを意味し、質の高い戦力を追求している姿が浮かび上がる。反面、米国の国防費の負担は重くGDP比は3・4パーセントとなっており、中国の1・3パーセントと比較して2倍以上の負担となっている。中国の国防費については種々議論があるが、仮に公表額の2倍としても、経済的負担は米国よりも軽い。なお、ロシアの国防費の対GDP比は3・8パーセントと3か国で最大であり、かなり大きな経済的資源を国防に費やしている。

以上のデータを踏まえると、米国は膨大な資金を背景に装備等に多額の経費が必要な海軍、海兵隊と空軍の規模を大きくして、グローバルに機動的な部隊展開を可能とする米軍という組織体を作り上げていることがわかる。米国の機動展開可能な海軍、海兵隊と空軍の兵員規模は82万人に上っており、同じような兵種について中国と比較しても20万人程度多いのである。他方、中国は国境線が長く本土防衛の必要性等から大規模な陸軍兵力を有するとともに、国力の増大に応じる形で航空戦力と海上戦力の充実に努めていると見ることができる。ロシアは、北極海を挟んで米国と対峙する一方、西方の大西洋方面とNATO諸国、東方の太平洋と中国に対応する必要があるところ、陸海空のバランスは米国に似ており、陸海空軍はそれぞれ米軍の半数程度の人員規模となっている。ロシアは非常に長い国境線を有する割には陸軍の兵力規模が小さいため、国土防衛のために近隣国との関係を調整したり、侵攻防止のための抑止戦力を配備したりする必要に迫られることになる。前述のロシアの安全保障環境で述べたとおり、ロシアの国境線の多くは緩衝国と接しているものの、中国や欧州各国との国境線沿いには相手側を抑止可能な戦力を配置せざるを得ず、大きな経済・社会的資源を割いて国防に振り向けているのである。

陸軍

表10は、陸上戦力の構成部隊を3か国で比較したものである。兵員規模では、前述のとおり中

表10　陸上戦力の比較

	米国		中国	ロシア
	陸軍	州兵（予備兵力）		
陸軍兵員	481 千人	333 千人	975 千人	280 千人
予備役	190 千人		510 千人	2000 千人
管区			(5 個戦区)	4 個軍管区
集団軍 / 司令部	3 個軍団 1 個師団司令部	8 個師団司令部	13 個集団軍	12 個集団軍・1 個軍団
機甲	4 個師団	5 個旅団	1 個師団・27 個旅団	6 個師団・15 個旅団
機械化	2 個師団・3 個旅団	2 個旅団	1 個師団・23 個旅団	3 個師団・13 個旅団
軽歩兵	2 個師団・3 個旅団	21 個旅団・4 個大隊	3 個師団・24 個旅団	
水陸両用			6 個旅団	
航空機動 / 空挺	2 個師団・2 個旅団	1 個旅団	2 個旅団（陸軍） 6 個旅団（空軍）	4 個師団・4 個旅団（空挺）
偵察				2 個旅団
特殊作戦部隊	(7 個大隊：特殊作戦 CO M)		15 個旅団	8 個旅団・1 個連隊
空挺特殊部隊			1 個旅団 (空軍)	1 個旅団（空挺）
国境警備			16 個旅団・15 個連隊	
対地ミサイル	MRL に含む。		5 個旅団 (SRBM . GLCM) (ロケット軍)	11 個旅団
砲兵		9 個旅団	15 個旅団	10 個旅団
M RL	5 個旅団 (12 個大隊)			4 個旅団
工兵	4 個旅団	8 個旅団	14 個旅団・1 個連隊	4 個旅団・7 個連隊
通信	7 個旅団	2 個旅団		
NBC	1 個旅団	1 個旅団	(14 個旅団 : 工兵)	5 個旅団・10 個連隊
インテリジェンス	10 個旅団	3 個旅団		
攻撃ヘリ	714 機		270 機	393 機（空軍）
防空ミサイル	480 基		524 基	470 基

注①『ミリタリーバランス 2020』による。②米軍の特殊作戦部隊は特殊作戦コマンド所属で陸軍兵員の外数。③中国の空挺部隊は空軍所属であり、対地ミサイル部隊はロケット軍に所属。④ロシアの空挺部隊は陸軍兵員の外数の 4.5 万人規模であり、攻撃ヘリは空軍に所属。⑤ MRL は多連装ロケット砲部隊を、NBC は核生物化学兵器対処部隊を意味する。防空ミサイルには、地点防衛用の極短距離のものを含まず。

国が100万人に近い規模で突出しており、米国はその半数の48万人規模であるが、予備兵力の州兵を加えると80万人の兵員規模となり、中国とさほど遜色なくなる。ロシアは正規軍の規模は28万人に過ぎないが、予備役が200万人と3か国では最大となっている。[31]

司令部組織に関しては、自国領土周辺での陸上戦闘を想定している中国とロシアが充実しており、両国とも13個の軍団規模の司令部があるほか、中国は師団編制に伴う5個師団司令部、ロシアは9個師団司令部を持ち、地域を管轄して大規模な陸上部隊の運用ができる態勢となっている。米国は遠征軍組織であるため、作戦の必要性に応じて地域を管轄する統合軍司令部[32]の下で陸軍司令部組織が増強されることになる。常設の陸軍司令部組織としては、3個軍団司令部と師団編制のものを含め9個師団司令部が設けられている。

陸上作戦の中核となる機動戦闘部隊である機甲、機械化と軽歩兵部隊について見れば、米国が8個師団・6個旅団（21個旅団相当）であるのに対し、中国は5個師団・74個旅団（84個旅団相当）、ロシアは9個師団・28個旅団（46個旅団相当[33]）となっており、米国の機動戦闘部隊の数量的な少なさが目立つ（表11）。

表11　機動戦闘部隊の比較

	旅団数 （A：旅団数）	陸軍兵員規模 （B：1000人）	旅団を支える兵員数 （B/A：1000人/旅団）
米国	21	481	22.9
中国	84	975	11.6
ロシア	46	280(460)	6.1(10.0)

注①『ミリタリーバランス2020』による。②ロシアの括弧内の数値は、指揮・支援兵員数（180千人）を加算したもの。

これは、米陸軍の正規軍部隊は48万人の規模ではあるが、遠征軍として国外に展開することを念頭に置き、機動戦闘部隊を支援する部隊を手厚くする必要があるためである。陸軍の兵員数から単純に計算すると、米軍の1個旅団は2・3万人の兵員で支えられており、砲兵や攻撃ヘリなどの支援戦闘火力や補給などの兵站支援が充実していることをうかがわせる。これに対し、中国は1・2万人弱、ロシアは６０００人弱で1個旅団が支えられていることになり、旅団あたりの支援戦闘火力や遠征補給能力は米国に比して低くなり、主として自国周辺での作戦行動を念頭においた部隊編成となる。但し、中国の場合は全体の兵員規模が大きいので、一部の旅団に対する支援能力を強化して、遠征能力を付与する余地は十分にある。なお、ロシアの1個旅団を支える兵員数が極端に少ない理由には、ロシアの機動戦闘部隊には軽歩兵旅団がなく、全て機甲または機械化旅団となっているため、戦闘力に比し兵員数が少ない編成であることに加え、指揮・支援要員が陸軍のほかに18万人おり、陸軍の後方支援に加わることが挙げられる。単純にこの18万人が陸軍を支えるとした場合は、1個旅団は約1万人に支えられていることになり、中国並みの支援態勢となる。

◉各国の運用構想

米陸軍は作戦の中核となる機動戦闘部隊の数は少ないものの、敵部隊の位置や種類・規模等の情報を把握し、強力な火力でこれらを無力化する攻撃力の高い部隊を保有するという特色を持っている。中国とロシアに見られないインテリジェンス専門部隊を10個旅団配置するとともに、指揮通信のネットワーク化のための通信部隊を7個旅団配置しており、部隊の情報化は最も進展している。火力に関しては、各旅団戦闘団（ＢＴＣ）[34]に1個大隊の砲兵部隊が編入されているほか、攻撃ヘリ戦力も中国とロシアを大きく上回っており、機動的な打撃が可能である。さらに、１００キロメートルを超える長距離打撃能力を備えた多連装ロケット砲（ＭＲＬ）部隊を5個旅団配備している。

このような高い打撃力を有する米陸軍に対しては、中ロはそれぞれの部隊構成から見て異なる運用構想に基づき対応しようとしているように見える。中国は、機動戦闘部隊の圧倒的な規模的多数で対抗するとともに、米国を超える長距離打撃で対処しようとしている。長距離打撃の主力はロケット軍所属の5個旅団の戦術ミサイル（ＳＲＢＭとＧＬＣＭ）部隊であり、目標情報の収集のための軍事偵察衛星の充実にも中国は注力している。ロシアは、特殊部隊を活用した工作や情報収集に加え、戦術核兵器の使用を含む対地ミサイルによる長距離打撃により対応しようとしている。そのための兵力として、偵察部隊を2個旅団で配備するとともに、対地ミサイル11個旅団、砲兵10個旅団とＭＲＬ部隊を4個旅団規模で保有している。また、戦術核の使用を念頭に、核生物化学兵器（ＮＢＣ）対処部隊を5個旅団10個連隊という大きな勢力で配備している。

米中ロ3か国とも部隊防空の重要性を認識しており、５００基前後の防空ミサイルを陸軍装備として保有している。

海軍

表12は、海上戦力となる艦艇や航空機について、米中ロ3か国で比較したものである。海上戦力の場合、艦艇自身が戦力発揮の主体となるので、その保有状況は各国の運用構想を反映したものとなっている。また、航空機の機種や機数の状況も全体の戦力状況に大きな影響を及ぼす。海軍兵員数に関しては、概ね中国は米国の3分の2、ロシアは米国の2分の1の規模であるが、海軍を構成する艦艇や航空機の状況は各国で大きく異なっている。

(1) 潜水艦

潜水艦の隻数は米国が最も多い67隻で、次いで中国の59隻、ロシアの49隻となっている。ロシアは60隻強の潜水艦を従来保有していたが、原子力潜水艦の更新が進まず、隻数を減少させている。潜水艦の内訳をみると、戦略ミサイル原潜(SSBN)では、米国とロシアは中国の2倍以上の規模で保有し、高い戦略核報復攻撃能力を維持している。その他の潜水艦については、米国は対地攻撃能力の高い巡航ミサイル原潜(SSGN)が50隻と保有隻数の大部分を占めるのに

注①『ミリタリーバランス 2020』による。②対潜哨戒機の機数は海軍航空隊の固定翼機と回転翼機の機数の内数。③海軍航空隊の兵員数は海軍兵員数の内数。④警備艇には兵装の脆弱な PB クラスは含まず。⑤潜水艦の欄中、SSBN は戦略ミサイル原潜、SSGN は巡航ミサイル原潜、SSN は攻撃型原潜、SSK は通常動力型潜水艦、SSB は試験用潜水艦を示す。また、固定翼機と回転翼機の欄中、EW は電子戦機、AEW&C は早期警戒管制機、AEW は早期警戒機を示す。

表 12　海上戦力の比較

		米国	中国	ロシア
海軍兵員		337 千人	250 千人	150 千人
艦隊		6 個艦隊	3 個艦隊	4 個艦隊
潜水艦		67 隻	59 隻	49 隻
	SSBN	14	4	10
	SSGN	50		7
	SSN	3	6	10
	SSK		48	22
	SSB		1	
対潜哨戒機		376 機	46 機	127 機
	固定翼機	107	18	44
	回転翼機	269	28	83
主要水上戦闘艦		121 隻	82 隻	33 隻
	空母	11	1	1
	巡洋艦	24	1	4
	駆逐艦	67	28	13
	フリゲート	19	52	15
警備艦艇		84 隻	209 隻	118 隻
	コルベット		43	50
	警備艇	13	134	26
指揮艦		2 隻		
掃海艦艇		11 隻	54 隻	43 隻
輸送艦艇		173 隻	122 隻	48 隻
	強襲揚陸艦	9		
	ドック型揚陸艦	11	6	
	輸送艦	12	49	20
	輸送艇	141	67	28
海軍航空隊		98 千人	26 千人	31 千人
固定翼機		981 機	404 機	217 機
	爆撃機		35	
	戦闘機	716	283	157
	(うち艦載機)	702	20	39
	EW(艦載機)	158		
	AEW&C(艦載機)	82		
回転翼機		573 機	105 機	198 機
	EW			8
	AEW		10	2
	掃海	28		

対し、中国は対艦攻撃を主任務とする攻撃型原潜（ＳＳＮ）と通常動力型潜水艦（ＳＳＫ）を54隻保有する。ロシアはＳＳＧＮを7隻保有するが、中国と同じくＳＳＮとＳＳＫで32隻と対艦攻撃能力を重視する傾向にある。

前述のとおり米国が保有する50隻のＳＳＧＮは総計で１０００発を超える対地巡航ミサイルの投射能力を有しており、米海軍は、敵艦艇への攻撃能力とともに、米国から遠く離れた敵対国に接近して地上目標を精密に破壊する能力を潜水艦に求めている点に特色がある。

これに対し、中国はＳＳＧＮを保有しておらず、保有する潜水艦は水上艦艇と潜水艦に対する攻撃が主目的となっている。48隻もの多数を占めるのは中国周辺海域での活動を念頭に置いたＳＳＫであり、ＳＳＮは6隻に過ぎない。ＳＳＫはＳＳＮに比して機動性が低く、中国に接近する米空母打撃群を阻止するために配備していると言って過言ではない。他方、ロシアは、米国と中国の中間的な潜水艦の構成となっているが、これは、グローバルな影響力を残すため対地攻撃能力を少ないながらも確保しつつ、米空母打撃群への対応を意図したためと考えられる。

潜水艦に対する広域対処能力（対潜能力）は対潜哨戒機によるところが大きいが、対潜哨戒機の保有数は固定翼機と回転翼機（ヘリコプター）双方とも米国が圧倒的に多い。特に中国は保有機数が少なく、対潜能力が相対的に低いと考えられ、中国海軍の大きな欠点となっている。

（2）水上戦闘艦

潜水艦に対する構想の相違は、水上戦闘艦艇の戦力の相違から生じている。米海軍は大型空母11隻に加えて、外洋航行能力の高い大型の戦闘艦である巡洋艦（CG）や駆逐艦（DD）を91隻配備しているのに対し、中国は空母1隻[35]とCG・DD計29隻、ロシアは空母1隻とCG・DD計17隻に過ぎない。但し、中国とロシアは近海で活動するフリゲート艦とコルベット艦を多く配備しており、その隻数は中国95隻、ロシア65隻となっている（米国は19隻）。米国は大型の艦艇が多いのに対し、中国とロシアは中小型の艦艇が多くなっているのは、米国は空母打撃群を編成して本国から離れて長期間活動することを主眼に置いているのに対し、中国とロシアは本国に比較的近い海域での作戦行動を想定していることを反映しているためである。

空母に関しては、米海軍は11隻の空母とその艦載機としてFA－18戦闘攻撃機を主力とする702機を配備しているのに対し、中国は空母1隻と艦載機20機、ロシアは空母1隻と39機の空母艦載機の保有にとどまっている。また、米海軍は敵勢力圏に侵入しての航空作戦を実施可能にするためレーダーの攪乱・通信妨害のための電子戦機（EW）を158機配備するとともに、敵航空機の早期警戒と航空作戦指揮支援のための早期警戒管制機（AEW&C）を82機配備し、必要に応じ空母に艦載し運用している。同様の機能としては、ロシアは8機の電子戦ヘリと2機の早期警戒ヘリ、中国は10機の早期警戒ヘリを保有しているが、ヘリコプターという特性上、作戦行動半径が短いため、その能力は米国に大きく劣ることになる。[36]

（3）中ロの対艦ミサイル戦力

高い対空・対地攻撃力を有する米空母打撃群を抑止するため、中国とロシアは前述の潜水艦に加えて、対艦ミサイル戦力の配備に注力している（表13）。対艦ミサイルの発射母体としては、地上配備ランチャー、潜水艦、水上戦闘艦艇、航空機がある。中国海軍は、対艦ミサイルを装備した小型艇を多数配備しているほか、対艦攻撃を主任務とする爆撃機35機に加え250機を超える戦闘攻撃機や攻撃機を配備している。[37] さらに、陸軍の19個沿岸防衛旅団と海軍の3個対艦ミサイル連隊が地対艦ミサイルを、ロケット軍の2個

表13　中ロの対艦攻撃戦力の概要

種別		中国		ロシア	
地上配備	地対艦ミサイル	19個旅団（陸） 3個連隊	— 72基	5個旅団 1個連隊	92基
	対艦弾道ミサイル DF-21D	2個旅団（ロケット軍）	30基		
海上配備	潜水艦	54隻		39隻	
	水上艦	125隻		83隻	
	ミサイル艇	86隻		23隻	
航空機	爆撃機	2個連隊	35機	3個連隊（空）	61機
	戦闘攻撃機	5個旅団、1個連隊	139機	2個連隊 4個連隊（空）	510機
	攻撃機		120機	2個連隊 10個連隊（空）	310機

注①『ミリタリーバランス2020』による。海軍所属でないものは、括弧で付記。「—」はミサイルを保有するも基数が不明であることを示す。②地上配備ミサイルは発射機の基数、潜水艦は戦術潜水艦（原潜と通常動力）の隻数、水上艦は巡洋艦・駆逐艦などの主要戦闘艦とコルベット艦の合計隻数。③中国空軍の一部の航空機も対艦攻撃能力を有しているが、ここでは、海軍航空機のみの記述にとどめた。④ロシアの航空機に関しては海軍所属機を空軍に移管した経緯があり、対艦ミサイルを装備する空軍機としてTu-22M3/M3M爆撃機、戦闘爆撃機(FGA)と攻撃機(ATK)を記載。

SRBM旅団が30基の対艦弾道ミサイル（ASBM）を配備している。ロシアは、地対艦ミサイル部隊を5個旅団1個連隊配備するとともに、海空軍戦闘機などが対艦ミサイルを発射可能な態勢をとっている。また、コルベット艦に加え、23隻のミサイル艇を配備し、ロシア近海で対応する態勢を整えている。

（4）掃海艦艇と輸送艦艇

掃海艦艇も各国の運用構想を反映し、中国とロシアは米空母打撃群の接近阻止のための機雷敷設・除去を重視して機雷敷設・掃海艦艇を多く保有しており、中国は54隻、ロシアは43隻の配備となっている。これに対し、遠征軍である米海軍は、11隻の掃海艦艇の配備にとどまる一方、米本土から離れた作戦海域で機動的に掃海可能な掃海ヘリを28機配備している。

輸送艦艇については、全体隻数は米国が最も多く173隻で、中国がその約3分の2の122隻[38]、ロシアは米国の3分の1弱の48隻となっているが、米国は大型艦艇が多く、総トン数では中ロを圧倒している。米海軍は海兵隊と連携する大型の強襲揚陸艦を20隻配備しているほか、大型揚陸艦（LSD）を12隻配備している。一方、中国はドック型揚陸艦を6隻保有しているに過ぎず、輸送艦を49隻保有しているものの、個艦の輸送能力は米国のLSDの4分の1程度であり、輸送能力は高くはない。ロシアは、艦載航空戦力を用いての強襲上陸は想定しておらず、戦車や歩兵の上陸を強行できる戦車揚陸艦20隻が主力の輸送艦となっている。

海兵

海兵に関しては、米国には海軍から独立した軍種として海兵隊が存在しているが、中国とロシアには海軍に含まれる兵種として海軍歩兵が存在している。

（1）海兵の規模・構成

表14は米中ロの比較であるが、米海兵隊は遠征軍の性質上、支援部隊（支援戦闘部隊を含む）に資源を大きく割いているため、基幹となる陸上戦闘部隊の規模は全体の人員規模19万人に比べて大きくはなく、8個旅団程度[39]に過ぎない。中ロは本国周辺での行動を前提としているため、ほぼ基幹部隊のみで構成されており、兵員数は中ロそれぞれ2・5万人と3・5万人ながら、中国は6個海兵旅団、ロシアは10個旅団2個連隊の規模となっている。なお、中国は、海兵と同様の機能を持つ陸軍水陸両用旅団が6個あり、海兵と合わ

表14　海兵の比較

		米国	中国	ロシア
海兵兵員		186千人	25千人	35千人
軍団等		3個海兵師団		3個軍団
基幹部隊		23個大隊 (8個旅団相当)	6個旅団 6個水陸旅団（陸）	10個旅団、2個連隊
海兵航空隊		34千人	注①『ミリタリーバランス2020』による。中国とロシアの海兵は海軍に属しており、海軍兵員数の内数。また、米国の海兵航空隊の員数は海兵隊の内数。②米海兵隊のティルトローターは、オスプレイ（MV-22B）。	
固定翼機		496機		
	戦闘攻撃機	432		
	空中給油機	45		
	輸送機	19		
ティルトローター		309機		
回転翼機		435機		
	攻撃ヘリ	145		
	輸送ヘリ	286		

せて12個旅団規模となっている。

米海兵隊は、中国とロシアと異なり、空中からの爆撃やミサイル打撃力を持つ航空戦闘構成部隊（Aviation Combat Element）を海兵隊自体が保有しており、海兵大隊等の陸上戦闘部隊を支援する編成になっている。また、戦闘役務支援構成部隊（Combat Service Support Element）の存在により、遠征地においても作戦行動を継続できる態勢が整っている。

（2）強襲揚陸艦の能力

米国の海兵隊は強力な航空機火力に支えられて強襲上陸戦闘を行う点が特徴的であり、海兵隊部隊を搭載する強襲揚陸艦は航空機運用能力を持つ大型艦となっている。表15は、各国が保有する強襲揚陸艦等をまとめたものであるが、米国は陸上戦闘部隊とともに航空機を多数搭載できる性能になっており、強襲揚陸艦のみで戦闘機や攻撃ヘリといった航空火力を伴った強襲上陸作戦を実施する能力がある。これに対し、中国の揚陸艦が搭載するのは陸上戦闘部隊が主であり航空機の搭載は少数にとどまっている。そのため、強襲的な上陸作戦を実施するには、航空基地または空母から発進した航空機による火力支援を受ける必要があり、独立した作戦実施能力は高くない。また、ロシアは航空機を搭載する強襲揚陸艦を有しておらず、戦車揚陸艦（ＬＳＴ）が海軍歩兵等を上陸させる主力となっている。

表 15　強襲揚陸艦の能力比較

	クラス	隻数	搭載戦力	搭載数	機種
米国	アメリカ級 (LHA)	1	FGA	6	F-35B
			ティルトローター	12	MV-22B
			輸送ヘリ	4	CH-53E
			攻撃ヘリ等	7	AH-1Z 等
			汎用ヘリ	2	MH-60
	ワスプ級 (LHD)	8	FGA	6	AV-8B 等
			ティルトローター	6	MV-22B
			輸送ヘリ	4	CH-53E
			攻撃ヘリ	4	AH-1W/Z
			汎用ヘリ	3	UH-1Y
			LCAC	3	
			戦車	60	
			歩兵	1,687	
	サン・アントニオ級 (LPD)	11	輸送	2	CH-53E または MV-22B
			LCAC	2	
			水陸装甲車	14	
			歩兵	720	
中国	ユージャオ級 (LPD)	6	ヘリ	4	ユーイ級
			LCAC	4	
			装甲車	60	
			歩兵	800	
(参考) ロシア	ロプーチャ級 (LST)	15	戦車	10	
			歩兵	190	

注①『ミリタリーバランス 2020』による。数値は、航空機が機数、車両が両数、歩兵が人数。②搭載能力は典型的な例。具体的な作戦によって搭載は異なる。③ LHA と LHD は全通甲板型の強襲揚陸艦であり、LPD は後部ドックがある揚陸艦である。なお、ロシアは強襲揚陸艦を保有していないため、主力の戦車揚陸艦 (LST) を参考として記載した。④搭載戦力の欄中、FGA は戦闘攻撃機、LCAC はエア・クッション上陸艇を意味する。

左頁注①『ミリタリーバランス 2020』による。数値は、兵員は 1000 人、航空機は機数、防空ミサイルはランチャー数。②米国の欄中、州兵は Air National Gurd 、予備役は空軍予備役、海軍は海軍航空隊、海兵隊は海兵航空隊を示す。中国とロシアの欄中の海軍は海軍航空隊を示す。固定翼作戦機欄の冒頭の数値は、戦闘能力を有する機種の機数合計。③中国の戦闘攻撃機はすべて第 4 世代機（4G）以降の機種。中国の要撃機の第 4 世代機の機数は括弧内に表記。④防空ミサイルには地点防衛用の極短距離ミサイルを含めず。なお、米国の防空ミサイルは陸軍装備であるため、空軍等の表中の軍種は地点防衛用を除き保有なし。

空軍・海軍航空隊

表16は、航空戦力について、米中ロ3か国で比較したものである。空軍の兵員規模では、米国33万人に対し、ロシアは米国の2分の1程の16・5万人規模である。中国は米国より7万人程多い40万人規模であるが、米国の場合、予備戦力である州兵と空軍予備役を加えれば、中国より10万人多い50万人の規模となる。なお、米国では州兵と空軍予備役には空軍保有の作戦機とは別枠で作戦機が手厚く配備されており、さらに海軍と海兵隊も大規模な航空戦力を保有しているという特徴がある。

（1）空軍作戦機

空軍に所属する作戦機数で見た場

表16　航空戦力の比較

		米国						中国		ロシア	
		空軍	州兵	予備役	海軍	海兵隊	合計	空軍	海軍	空軍	海軍
兵員（1000人）		332	106	69	98	34	639	395	26	165	31
固定翼作戦機（機）		1,522	576	126	981	432	3,637	2,517	404	1,183	217
	爆撃機	139		18			157	176	35	138	
	要撃機	271	157				428	759 (4G:147)	24 (4G:0)	180	67
	戦闘攻撃機	969	334	53	716	432	2,504	794	139	444	44
	うち4G以降	1,240	491	53	716	432	2,932	941	139	624	111
	うち艦載機				702	432	1,134		20		39
	攻撃機	141	85	55			281	140	120	264	46
	偵察機	40	13	10			63	51		58	12
	電子戦機	13			158		171	14		3	
	電波収集機	22	11		9		42	4	13	31	4
	早期警戒管制機	31			82		113	13	16	9	
	指揮統制機	4			16		20	5		11	
	空中給油機	237	174	70	3	45	529	13	5	15	
防空ミサイル（基）								850	32	620	132
	長距離							516	32	490	120
	中距離							230		80	
	短距離							104		50	12

合、米国の1500機とロシアの1200機と比較して中国の機数が2500機と突出して多く、航空優勢獲得[viii]のための主力戦力である要撃機と戦闘攻撃機（マルチロール機）で見ても中国が1500機を超えて最も多く保有している。しかし、第4世代以降の要撃機とマルチロール機で見た場合、中国は941機であるのに対し、米国は1240機とより多く保有している。なお、ロシアは米国の半数の624機となっている。

航空戦力においても、その装備の保有状況は各国の運用構想を反映している。米空軍は、米本土を離れた外地での航空作戦を前提にしているため、空中給油機を中ロの10倍以上の237機保有しているし、早期警戒管制機や指揮統制機の機数も米国が圧倒的に多い。また、対地攻撃任務は、遠征地において柔軟に運用が可能となるよう原則的として航続距離の比較的長いマルチロール機が担っている。例外として保有する攻撃機としては陸上戦力を支援する低速対地攻撃機（A－10）が141機あるが、これは攻撃ヘリと同様に戦車や装甲車などで構成される敵の機動戦闘部隊の打撃のため運用される。これに対し、中国とロシアは自国周辺での航空作戦に主眼を置いているため、航続距離が短くとも作戦実施上の不都合があまりないため、地上目標や水上目標への打撃能力に優れた攻撃機を比較的多く配備しているし、米国ほど

---

viii　いわゆる制空権のことである。航空優勢を獲得した空域とその地上覆域においては、対地攻撃や航空輸送などの作戦が実施可能となる。航空優勢は戦闘機の活動状況により、刻一刻と変化する性質があることから、固定的に捉えられがちな「制空権」という用語はあまり使用されなくなってきている。

多数の空中給油機を保有していない。

また、戦闘機の運用に関して多くの経験を持つ米国とロシアは、航空作戦における電磁波情報の重要性を知悉しており、中国に比べ多くの電波収集機を保有している。

(2) 海軍航空隊の作戦機

米中ロの3か国は、空軍のほかに海軍等が大きな航空戦力を抱えているが、米国と中ロでは全くその位置づけが異なっている。まず、その規模であるが、兵員規模と作戦機の機数の面において米国が圧倒しており、米国は中国の2倍、ロシアの4倍を超える981機の規模となっている。米国の海軍航空隊の作戦機の大多数は空母艦載機であるのに対し[40]、中国とロシアの作戦機のうちの空母艦載機は少数であり、大半は航空基地から発進する航空機となっている。米海軍の作戦機は、空母艦載機であるマルチロール機や電子戦機などでストライク・パッケージを構成して、敵地に侵入して地上目標を空爆することが重要な任務となっている。これに対し、中国とロシアの海軍に属する爆撃機、戦闘機、戦闘攻撃機と攻撃機のほとんどは海上における迎撃作戦行動、すなわち米海軍の空母打撃群等の艦艇と空母等から発進した艦載機を攻撃することを想定して配備しているのである。

以上の海軍の航空機に期待する役割の違いから、米海軍は艦載機であるマルチロール機と電子戦機の機数が多く、中国とロシアは空母艦載機ではない爆撃機や戦闘機などが多数となっている。

（3）防空ミサイル

防空ミサイルの配備においては、米国と中ロの運用構想の相違が極めて顕著である。米国は、米本土に対する本格的な航空侵攻を想定していないため、航空基地を防護するための防空ミサイルを地点防衛用の極短距離のものを除き空軍には配備していない一方、前方展開する陸上配備部隊や施設を防護するために陸軍には防空ミサイルを装備している。これに対し、中ロは米国による航空侵攻を念頭において、防空ミサイルを航空基地と海軍基地に多数配備している。中国は海空軍合わせて900基近く配備して、その3分の2を長射程のものが占めている。ロシアは海空軍合わせて750基程度保有しているが（海兵保有分を除く）、先進的な早期警戒レーダー網を持っているため長距離防空ミサイルの比率が中国よりさらに高くなっている。

第2節　核戦力

表17は米中ロ3か国の核弾頭の保有状況を比較したものである。[41] ここでは、戦略核兵器（戦略核）と戦術核兵器（戦術核）とを区別しつつ、米中ロ3か国の保有と配備状況について検討する。

戦略核

戦略核については、第一に、米国とロシアの相互関係が重要である。米国とソ連は冷戦期に大量の核兵器を配備し、相互確証破壊[ix]（ＭＡＤ）を背景にした核兵器による戦略的抑止均衡状態に至った（図11参照）。ソ連末期には核弾頭とその運搬手段の上限を定める戦略兵器削減条約（ＳＴＡＲＴ条約）を米ソ間で締結して均衡水準を低くする道筋をつけることに成功し、ソ連を引き継いだロシアは同条約を維持した。その後、２０１０年に戦略核弾頭の配備数を１５５０発に制限する新戦略兵器削減条約（新ＳＴＡＲＴ条約）を締結し、２０１８年2月には米ロ両国は新ＳＴＡＲＴ条約の削減目標を達成したとする声明を発出している。

条約による規制を受けて、両国が配備している核戦力は数量的な均衡状態に達しているが、具体的な戦略核の配備状況は、それぞれの地理的条件、技術水準、経済力等を反映し、両国間に大きな相違がある。

戦略核弾頭は配備数に制限がある反面、保有数に制限はないところ、米国は３５７０発とロシアに比し１０００発以上多く保有している。保有と配備の状況を見ると、戦略核の3本柱で

ix　冷戦期において、米国とソ連は各種の核兵器を開発し、大量に配備した結果、双方とも相手方の核の先制攻撃を受けても、残存する核戦力により相手方を完全に破壊する能力を獲得するに至った。この状態を「相互確証破壊（Mutual Assured Destruction: MAD）」という。ＭＡＤが成立すると、いずれかの国が先制的に戦略核兵器を使用したとしても結局は自国の破滅につながるので、相互間においては、理論的には究極の戦争形態である核戦争は生じず、また、核戦争に至るエスカレーションを避けるため通常の戦闘行為も発生しにくくなる。

ある戦略爆撃機、大陸間弾道ミサイル（ICBM）と戦略ミサイル原潜のうち、米国は残存性の高い戦略ミサイル原潜に大きな資源を割いている。これに対し、ロシアは比較的運用コストの低い地上発射のICBMに注力している。米国は、ICBMを全てサイロから発射する固定式にしているかわりに[42]、潜水艦という隠密性の高い発射母体を多く保有することにより打撃の確実性と戦略的柔軟性を確保している。これに対し、ロシアは地上発射型のICBMが主で秘匿性に劣るため、場所が固定されるサイロ型とともに移動起立型発射ランチャー（TEL「Transporter Erector Launcher」）を採用し、発射母体の残存性を高めている。

表 17　核弾頭の保有・配備状況

種別		米国		ロシア		中国	
		保有	配備	保有	配備	保有	配備
戦略核		3,570	1,630	2,440	1,570	320	240
	爆撃機発射	848	300	580	200	20	20
	ICBM	800	400	1,136	810	152	96
	ICBM 以外					76	76
	潜水艦発射	1,920	930	720	560	72	48
戦術核		230	150	1,875			
	空軍	230	150	495			
	陸軍			90			
	海軍			905			
	ABM 等			382			
合計		3,800	1,750	4,315	1,570	320	240

注①『SIPRI YEAR BOOK 2020』による。数値は核弾頭数。②米国とロシアの戦略核と戦術核の数値には合計と符合しないものもあるが、いずれの数字も SIPRI に拠っている。③ロシアの戦術核弾頭は中央にて保管されているとされるため、配備なしとしている。④米ロとも、戦略核兵器弾頭は新 START 条約の上限数である 1550 発を超えているが、これは同条約と『SIPRI』では弾頭の算入方式が異なるためであり、『SIPRI』の方がより実態を反映している。『SIPRI』では空軍基地備蓄核弾頭を算入しているが、同条約では不算入のルールとなっている。⑤中国の核弾頭は 240 発配備されているが、新型の DF-41（ICBM）と JL-2（SLBM）用の弾頭の合計 80 発が製造済みまたは製造中であるため、保有数は 320 発となっている。

第二に着目すべきは中国と米ロ両国との関係である。中国の核弾頭保有数は米ロに比し少数であり、中国は米ロと均衡抑止状態に至っていないものの、核弾頭の各種運搬手段を整え、守勢的な核抑止態勢を固めつつある。中国の戦略核弾頭の保有数は320発に過ぎないが、従来のＩＣＢＭ偏重の戦力構成から、戦略爆撃機と戦略原潜発射を含めた核の3本柱の態勢構築を進めている。

地政学的な位置関係から、現状で米国本土への脅威となる中国の核戦力はＩＣＢＭ配備弾頭の96発のみであり、米国のＩＣＢＭ配備数400発と比較して少数にとどまっており、米中間では米国が圧倒的に優位である。中ロ間では、中国の潜水艦発射弾頭のみならず中距離と準中距離ミサイル（ＭＲＢＭとＩＲＢＭ）弾頭もロシアの脅威となる。単純な戦略核の数量比較では、ロシアの1500発を超える戦略核弾頭に対し、中国

図 11　核兵器弾頭数の推移

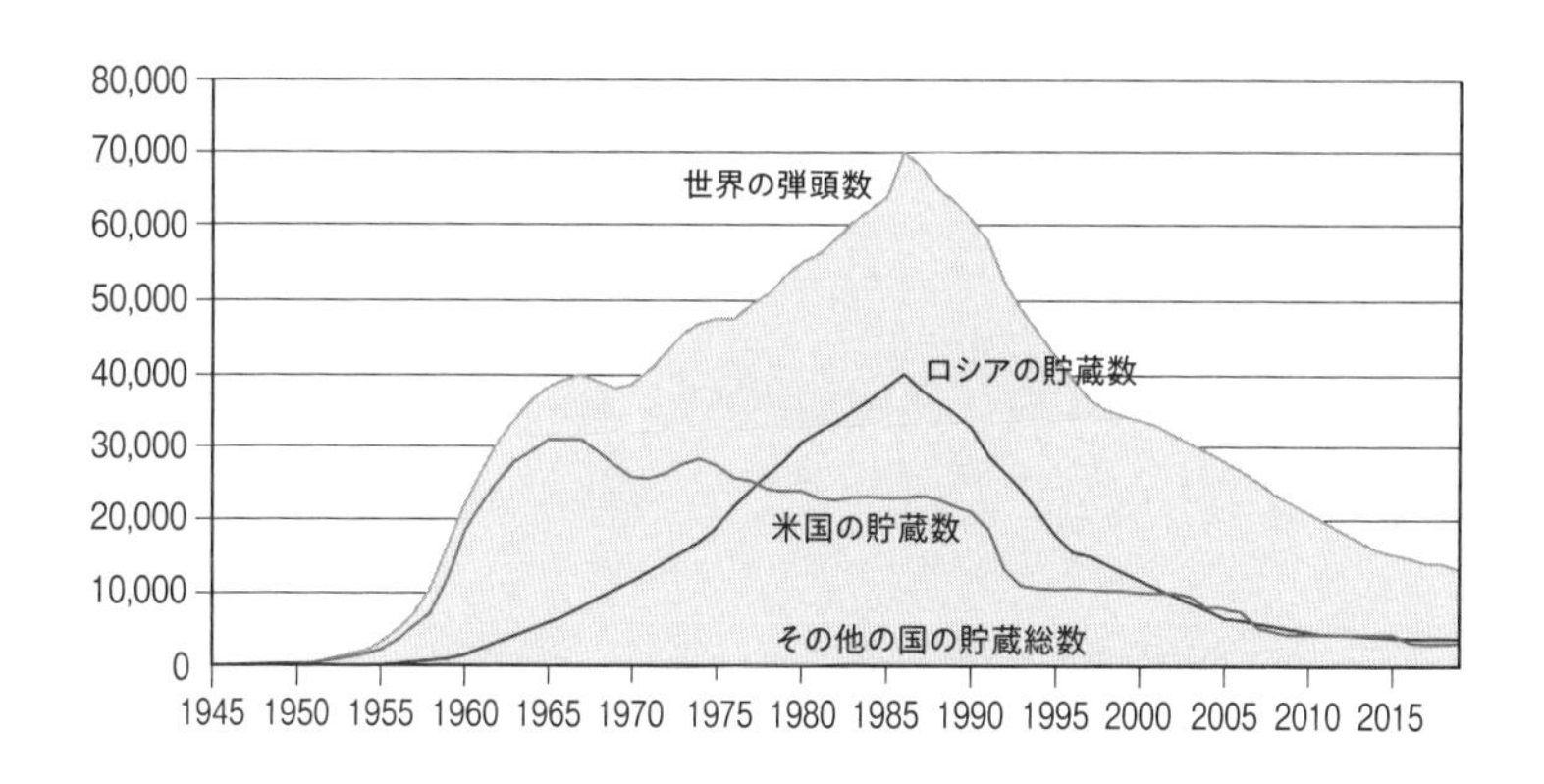

は240発弱でロシアが圧倒的優位に見えるものの、実態的にはロシアの戦略核はICBMを含め中国が地理的に近いがゆえに使い勝手が悪いという欠点を抱えている。現状において、爆撃機と潜水艦発射の戦略核で優位を保つことは可能であるが、ロシアとしては中国との対称戦力であるMRBMとIRBMを充実させることがより望ましいところ、INF全廃条約の失効によりその条件が整いつつある。実際、ロシア陸軍が運用可能な戦術核は10キロトンから100キロトンの可変出力となっているが、100キロトンという出力は最近の戦略核弾頭の低出力化と相まって戦略核と遜色のないものとなっており、米ロ間で問題となった最大射程2500キロメートルともされる9M729（SSC－8）ミサイルと組み合わせれば、ロシアは中国に対する戦略抑止効果をさらに向上させることが可能となる。

戦術核

米国は230発、ロシアは1875発の戦術核弾頭を保有している（前掲表17）。

ロシアは、通常戦力では、欧州方面において米国とNATOに対し劣勢であり、極東方面においても中国に対し劣勢となっている。戦術核は通常戦力の劣勢を覆すためのツールであるから、通常戦力において劣勢にあるロシアは、突出して多くの戦術核弾頭を保有している。1875発という膨大な戦術核弾頭は、中央で保管されており、平時には部隊配備されていないが、必要性が生じた場合に部隊に輸送して既配備の兵器システムに装着できる態勢となっている。

その保有状況を見ると、海軍の航空機、水上戦闘艦と潜水艦用の弾頭が905発と多く、米海軍の空母打撃群への攻撃や本土を離れた遠隔地への戦術攻撃を意識していることがわかる。また、空軍と陸軍用の戦術核は合計で600発弱であり、ロシアを指向する陸上通常戦力を無力化するのに十分な数量を備えている。さらに、ロシアは領域防衛のための戦術核弾頭も多く保有しており、対弾道弾（ABM）システム、防空システム（S－300／400）と沿岸配備の地対艦ミサイル・システムのミサイル飛翔体に装着する核弾頭を382発保有している。その大半を占めるのは、ABMと防空ミサイルに装備する核弾頭352発である。なお、日本の北方領土に配備されているバスチオン地対艦ミサイル・システムにも装備可能な沿岸防衛用の核弾頭は20発となっている。[43] ロシアは、自国の領域防衛のために核兵器の使用を織り込んでいることからわかるように、戦術核兵器の使用に対する忌避感が希薄である。

一方、米国の戦術核は230発で、全てが空軍のマルチロール機に搭載する核爆弾となっている。[44] そのうち150発は欧州の6か所の空軍基地に分散して配備され、残り80発は米本土で保管されている。欧州配備のうちの60発はNATO所属の他国航空機との共同運用となっている。米国の戦術核は、ロシアの戦術核の使用に対する抑止と使用された場合の報復を目的としており、ロシアの通常戦力に対する抑止を意図していないことから、配備数はロシアの保有数に比し少数にとどまっている。

なお、中国に関しては、表17では戦術核の記載がないものの、全く戦術核を持たないわけではない。確かに中国の現有の配備核弾頭は出力が200キロトンを超えるため戦術的な使用に適しておらず、また、周辺国を大きく凌駕する通常戦力を保有しているため戦術核兵器の必要性が低いものの、台湾の武力統一の際のツールとして戦術核が準備されている可能性がある。SIPRIでは、射程600キロメートルのDF-15短距離弾道ミサイル（SRBM）用に10キロトン～50キロトンの戦術核弾頭の保有を推定している。なお、配備の有無や配備数については不明としている。[45]

第5章 米中ロが抱える軍事的課題と新たなチャレンジ

米中ロの軍事大国は、相互に優位性を求めて軍事的能力の向上に努めており、3か国の態勢と相互関係は時間の経過とともに常に変化している。言い換えれば、各国は自国の限られた資源を用いて自己変革を追求せざるを得ず、作戦構想の改定、組織改編や装備更新など、新たな課題に常時直面している状況にある。

第1節 米国――軍事大国の本当の姿

核兵器の現状

潜在的敵国に対する核抑止態勢は、覇権国である米国にとって安全保障戦略上、極めて重要な事項である。

図12は[46]、中国、ロシア等の2010年以降の核兵器の運搬システムの開発状況を米国との対比で示している。2018年の時点では、ロシアと中国は多くのシステムが配備に至ったり、開発中であったりするが、米国はF-35Aのみが開発中であるとしている。このF-35Aは戦術核運搬用のマルチロール機であり、戦略核の運搬システムに限定すると、米国は開発または配備を直近10年程行っていなかった。

ここで、米国の核兵器の運搬システムと弾頭について簡単に整理する。米国の戦略核の三本柱は戦略爆撃機、戦略弾道ミサイル（ICBM）と戦略ミサイル原潜（SSBN）であるが、最終的に核弾頭が目的場所に投射されるまでには、航空機投下の核爆弾を除いて複数の運搬機材システム[47]を組み合わせる必要がある。核爆弾は、航空機から投下するだけなので、戦略爆撃機または戦闘機という単一の運搬機

図12　2010年以降の核運搬システム開発状況

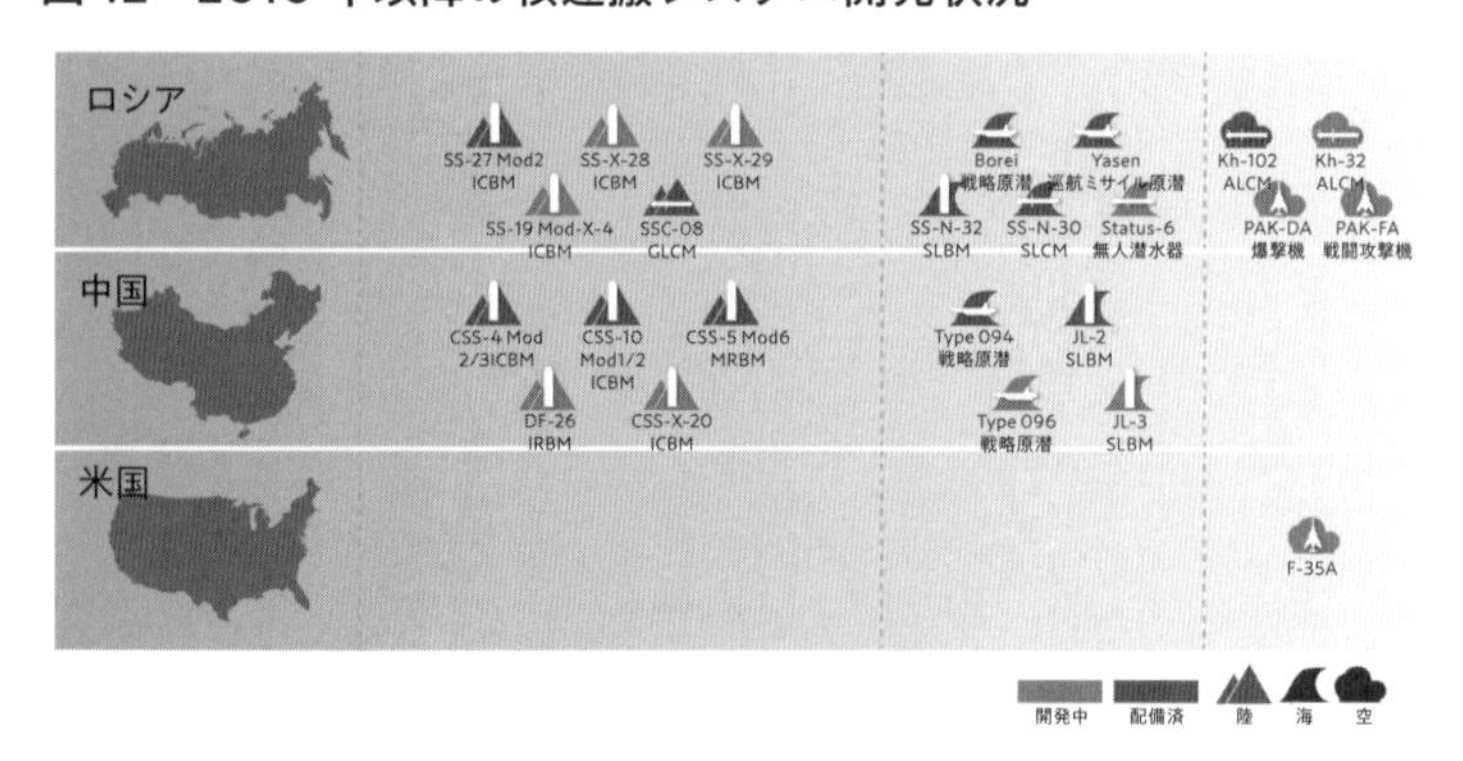

出所：米国防省の核態勢見直し 2018(NUCLEAR POSTURE REVIEW 2018: NPR2018)、8頁。

材に依存する。これに対し、ミサイルに搭載する核弾頭の場合は、2次的または3次的な運搬手段が媒介することになる。戦略爆撃機の場合、核弾頭を装備する巡航ミサイルが2次的な運搬手段となり、ICBMの場合、複数または単一の核弾頭を内包して大気圏への突入を果たす再突入体が2次的な運搬手段となる。SSBNの場合は、第1次的な運搬手段は潜水艦であり、2次的には水中発射の弾道ミサイルとなるが、さらにこのミサイルは宇宙空間まで達するために、3次的な運搬手段として再突入体が必要となる。

表18は米国の現行の核弾頭運搬システムを一覧にしたものであるが、種類が少なく、配備年が古いものが多い。

表18　米国の核運搬システム

種別	運搬システム名	再突入体	配備開始年	数量
爆撃機	B-52H		1961	46機
		ALCM（巡航ミサイル）	1982	528発
	B-2A		1994	20機
ICBM	ミニットマンIII		1970	400発
		Mk-12A	1979	200基
		Mk-21 SERV	2006	200基
SSBN	オハイオ級		1984	14隻
	トライデントII（D5 / D5LE）		1990/ 2010	240発
		Mk-4	1992	不明
		Mk-4A	2008	1511基
		Mk-4A	2019	25基
		Mk-5	1990	384基
戦術核	F-15E		1988	80発
	F-16C/D		1987	70発
	F-16MLU（NATO）		1985	40発
	Tornado（NATO）		1983	40発

注①『SIPRI2020』『ミリタリーバランス2020』等による。②爆撃機欄の数量は、航空機が機数、ALCMが弾数。ICBM欄の数量は、ミニットマンIIIの数と再突入体の数。③SSBN欄の数量は、オハイオ級が隻数、トライデントIIが配備数（弾道ミサイル自体は500発前後ある）。再突入体に関しては、再突入体自体の数ではなく、再突入体に搭載される核弾頭数の合計数である。なお、新型のMk-4Aは単弾頭であるが、これを除く再突入体は1基当たり8発までの核弾頭が搭載可能。④戦術核欄の数量は搭載戦闘機の機数ではなく、核爆弾の数。

比較的新しいのはB－2A戦略爆撃機であるが、それでも25年が経過している。次いで新しいのは戦略原潜に搭載する潜水艦発射弾道ミサイル（SLBM）であるトライデントⅡである。なお、トライデントⅡは、延命改修が2010年から行われており（D5からD5LEに改修）、2020年までに300基程度が改修される予定である。これら以外の運搬システムは1980年代以前の配備であり、既に35年以上が経過しているものが大半であるため、システムの更新が不可欠な状態になっている。

他方、弾道ミサイルに搭載する再突入体については、比較的新しいものが多くなってきており、ミニットマンの半数とトライデントに搭載する再突入体の4分の1は、改修により新しいものへと換装されている。核弾頭の確実な動作と安全性を確保するための装備更新であり、ミニットマンⅢの半数を安全化改善再突入体（SERV）に改修するなどしている。

表19は現行の核弾頭一覧[48]である。ほぼ全ての核弾頭は冷戦期に生産されたものであり、延命改修する必要性に迫られているが、計画は遅れがちである。出力に関しては、戦略核はB－2爆撃機の搭載するB83核爆弾のみが1000キロトンを超えるメガトン級であり、その他は100キロトンから500キロトン未満の最大出力を持っている。なお、戦術核は、戦闘攻撃機が搭載するB61核爆弾のみであったところ、ロシアの中距離戦術核に対抗する必要性からトライデントⅡに搭載するW76－2核弾頭が追加された。

（1）米国の将来構想

米国は、戦略抑止を担う戦略核兵器の3本柱の全てについて装備更新を計画している。地上発射（地下サイロに格納）のICBMは2030年頃まで現行のミニットマンⅢを延命改修しつつ運用し、2029年から次世代ミサイル（GBSD）に換装される予定である。また、海上発射のトライデントD－5ミサイル（SLBM）は2042年頃まで運用予定だが、発射母体であるオハイオ級原潜14隻はコロンビア級原潜12隻に替える計画となっており、その1番艦は2031年頃運用開始予定である。さらに、核爆弾と巡航ミサイル発射母体である現有のB－52HとB－2Aの爆撃機

表19　米国の核弾頭

種別	運搬システム	ミサイル・再突入体	弾頭種類	量産開始年	出力	弾頭数	弾頭改修計画	生産予定
戦略核	B-52H	ALCM (AGM-86B)	W80-1	1981	5-150kt	528	W80-4 に延命改修	2025-31
	B-2A	—	B61-7	1985	4, 10, or 360 kt	320	B61-12 に延命改修	2020-24
			B61-11	1997	0.3, 340,or 400 kt		中性子発生装置の確認	2020-25
			B83-1	1983	low-1200kt			
	ミニットマン III	Mk-12A	W78	1979	335 kt	600	W87-1 に延命改修	2030-36
		Mk-21 SERV	W87	1986	300 kt	200	中性子発生装置等の交換	2018-25
	トライデント II	Mk-4	W76-0	1978	100 kt	—		
		Mk-4A	W76-1	1978	90 kt	1,511	延命改修済み	-2019
		Mk-4A	W76-2	2019	8 kt	25	生産開始	2019-20
		Mk-5	W88	1988	455 kt	384	起爆薬の交換	2020-24
戦術核	F-15E, F-16C/D, F-16MLU, Tornado	—	B61-3	1979	0.3-170kt	230	B61-12 に延命改修	2020-24
			B61-4	1979	0.3-50kt			

注：核弾頭の諸元等の出所は『SIPRI2020』「Nuclear weapon archive. 9 January 2007」。弾頭改修計画については「Fiscal Year 2020 Stockpile Stewardship and Management Plan, NNSA」。

は、2020年中期頃からB-21に引き継ぎが開始されるとともに（イメージ6）、核爆弾はスマート爆弾化され、現行の巡航ミサイルは長距離スタンドオフ・ミサイル（LRSO）となる予定である。なお、B-52Hは将来の長期間にわたってLRSOの発射母機として運用される計画となっている。

戦術核兵器は、B61核爆弾の発射母体であるF-15、F-16等の航空機をF-35Aに換装するほか、低出力核オプションを確保するため、短期的には既存の潜水艦発射ミサイル（SLBM）の一部の弾頭の出力を抑える改良を行い配備することに加え（表19のW76-2弾頭）、長期的には海上発射型対地攻撃巡航ミサイル（SLCM）を追求するとしている。

核弾頭では、SLBM用核弾頭W76-1・W88と戦術核爆弾B-61の優先度が高く、2024年までに必要な措置が取られるが、これら以外の弾頭は2025年以降に量産化が開始される。W76-1は2019年までに延命改修を終え、その後は低出力の戦術利用可能なW76-2の生産を開始し[49]、W88は起爆用の高性能爆薬の交換を2020年に開始し25年までに終了する計画となっている。また、戦術核のW61-3/-4を改修しW61-12とする計画[50]は2020年に生産を開始し24年までに終了する。他方、航空機発射巡航ミサイル核弾頭

イメージ6　B-21

であるW80－1は延命改修されてW80－4となるが、この計画は、新たな巡航ミサイルであるLRSOの生産時期と合わせる形で、2025年に生産を開始し2031年までに生産を終えることになっている。また、ICBM用の弾頭であるW78は配備済みのW87（－0）と同様の設計に基づきW87－1として延命改修される計画となっており、2030年に生産を開始し、2036年頃までに生産を終えるとしている。なお、LRSOの生産計画に呼応する形でSLCMの開発・生産計画が組まれており、SLCM用の次期核弾頭は2034年から生産を開始し、また、次期ICBM用の核弾頭は2037年から生産を開始する計画となっている。[51]

（2）指揮統制

米国は個々の核兵器戦力に並んで、核兵器の指揮統制システム（NC3［Nuclear Command, Control and Communications］）を重要視している。NC3は、早期警戒衛星（DSPとSBIRS）などによる早期警戒システムを、戦略通信衛星（MILSTARとAEHF）や地上波を含む地上通信などによる通信システムで国家軍事指揮センター（NMCC）を含む指揮所ネットワークにつなげたインフラとなるシステムに加え、ICBM、SSBNと爆撃機の核兵器コントロール・システムから構成される。

米国は、比較的古い核兵器を最新の情報技術を駆使した指揮統制システム下に置いて統一的に運用することにより、大国間における戦略抑止を実現している。この指揮統制システムは宇宙領域やサイバー空間に大きく依存している。中国とロシアは人工衛星破壊兵器システムの配備を進めているほか、サイバー部隊の充実に努めてきており、両国の能力向上により米国の指揮統制システムに対する脅威が高まってきており、その対処は米国の大きな課題の一つとなっている。

（3）中距離核戦力全廃条約の破棄

２０１８年10月、トランプ大統領は中距離核戦力全廃条約（ＩＮＦ全廃条約）を破棄する考えを表明した。その後、米国は翌2月2日に条約破棄をロシアに正式通告し、２０１９年8月2日に同条約は破棄された。

❶ＩＮＦ全廃条約の経緯

ＩＮＦ全廃条約は、ソ連のＳＳ－20（射程５０００キロメートル）配備に対し、米国がパーシングⅡミサイル等の欧州配備による力の誇示を行いつつ、ソ連と核兵器削減について交渉した結果、１９８７年に締結された条約である。具体的には、米ソ間で地上発射型、射程５００～５５００キロメートルの弾道・巡航ミサイル（核・通常型）と発射ランチャーの保有・試射・製造を禁止する内容となっている。本条約を受けて、１９９１年までに米国は約８００発、ソ連は約１８００発の計２６９２発のミサイルを廃棄している。

ＩＮＦ全廃条約締結時は米ソ冷戦期であり、東西が厳しく対立していた状況の下、欧州に対する米国の拡大抑止（核の傘）の有効性を巡って議論が行われ、ソ連の強大な軍事力に危機感を抱く欧州側はソ連に対する戦略的な抑止力としてパーシング等の配備を米国に求め、ソ連側はモスクワ近くまで到達可能な核ミサイルの配備[52]を嫌い、中距離核戦力の全廃に応じた経緯となっている。

❷非戦略核（戦術核）としての中距離核

冷戦期には戦略抑止（欧州に対する拡大抑止）のツールとして扱われた中距離核は、弾頭の低出力化の進んだ現在では通常作戦の延長での使用が想定される戦術のツールとなる可能性が高い。

ＩＮＦ全廃条約を含め戦術核の弾頭自体を規制する国際条約がないため、ロシアは２００８年時点で６５０発であった戦術核弾頭数を3倍程拡大し、現在では１８００発強の保有にまで至っている。そして、ロシアは地上発射ミサイル、航空機をプラットフォームとする爆弾と対地ミサイル、水上艦艇・潜水艦発射のミサイルなど多様な戦術核オプションを新たに整備した。ロシアはＩＮＦ全廃条約に反しない短距離ミサイルを装備した地上発射ミサイル・システムを配備済みであるため、既存の艦艇用のカリブル・シリーズなどの射程の長いミサイル飛翔体を陸軍の発射機（ランチャー）と組み合わせることにより、比較的容易に陸上配備の中距離核戦力を配備することが可能な状態にある。

これに対し、米国は逆に５００発保有していた戦術核弾頭を削減して現在の２３０発に至っている。米国は、冷戦終結後、ミサイル防衛システムの開発と配備に注力したが、新規の核弾頭の運搬システムを開発しておらず、１９８０年代前後の古い設計に基づく運搬システムに近代化改修を施して運用しているのが実情である。特に、戦術核の運搬システムに関しては、２０１３年頃までに海洋発射型の核巡航ミサイル（核トマホーク）を完全に退役させ、現在の戦術核は航空機投下のＢ61核爆弾と潜水艦発射の低出力核弾道ミサイルの2種類のみとなっており、ロシアと異なり陸上発射ミサイルのための兵器システムの下地がない状況にある。

通常戦力の現状

米軍は遠征軍であるという性質上、機動力に優れた戦力は重要である。その意味で、事態に即応して海上を移動する空母打撃群は、武力紛争における抑止力と攻勢戦力として大きな役割を果たしている。他方、最終的な紛争の決着には陸軍を主体とした陸上部隊の投入が不可欠であり、外地に展開可能な陸軍部隊の状況も抑止面では無視できない。

ここでは、空母打撃群を構成する空母とその艦載機である電子戦機を取り上げるほか、陸軍の機動戦闘部隊の現状を見ていく。加えて、これらの戦力が本土を離れた遠隔地において機能を発揮するため、指揮通信と情報収集面で依存する宇宙アセットの状況についても簡単に触れる。

（1）突出した米空母の能力

現在、空母を運用している国は、米中ロの3か国に加え、英仏印の合計6か国となっているが、米中を除いては1隻のみの運用であり、中国はようやく2隻目が就役したばかりである。これに対し、米国は11隻もの空母を運用しているばかりか、その性能も他から突出している。中国はロシア製空母をベースに国産空母を建造し、空母運用能力の向上に努めているが、中国の目指す先には米国の空母打撃群の姿がある。[53]

❶空母艦載機

表20は、米中ロの空母の隻数と艦載機搭載能力をまとめたものである。米空母は、大型で艦載機を多数搭載可能となっており、新鋭のフォード級空母（イメージ7）ではマルチロール機（ＦＧＡ）などの固定翼機と対潜ヘリなどの回転翼機を合計で75機程度搭載可能である。現在の主力空母であるニミッツ級ではＦＧＡ55機、電子戦機など固

イメージ7　フォード級空母

定翼機8機に加え、6機程度の回転翼機を搭載している。これに対し、ロシアや中国の空母搭載機数は米国に比して少なく、アドミラル・クズネツォフ（遼寧も同型）ではFGAが最大24機とヘリコプター17機となっており、中国の新鋭空母である山東も含め戦闘機などの固定翼機の運用能力は、米空母の半分程度かそれ以下にとどまっている。

また、米海軍の空母は、航空機の射出装置（カタパルト）を装備しており、比較的大型の航空機が離陸可能となっている。これに対し、ロシアと中国の空母にはカタパルトはなく、スキージャンプ式の甲板からの離陸であるため、艦載機の離陸重量に制限がある

表20 空母の能力比較

国名	クラス（排水量）	隻数	艦載機	搭載機数	機種
米国	フォード級（10万t）	1	FGA	75	FA-18, F-35C
			AEW&C		E-2D
			EW		EA-18G
			ASWヘリ		MH-60R
			MRヘリ		MH-60S
	ミニッツ級（10万t）	10	FGA	55	FA-18
			AEW&C	4	E-2C/D
			EW	4	EA-18G
			ASWヘリ等	6	H-60
ロシア	アドミラル・グズネツォフ（6万t）	1	FTR	18-24	Su-33
			FGA		MiG-29KR
			AEWヘリ	2	Ka-31R
			ASWヘリ	15	Ka-27
中国	遼寧（6万t）	1	FGA	18-24	J-15
			AEWヘリ等	17	Ka-31, Z-8等
	山東（推定7万t）	1	FGA	36	J-15
			AEWヘリ等	不明	Ka-31, Z-8等

注『ミリタリーバランス2020』等による。排水量は満載。艦載機の欄中の略語は次のとおり。FIR: 要撃機、AEW&C: 早期警戒管制機、EW: 電子戦機、ASWヘリ：対潜ヘリ。MRヘリ：多用途ヘリ、AEWヘリ：早期警戒ヘリ。なお、中国の山東は2019年12月の就役のため『ミリタリーバランス』には未掲載であり、各種報道に基づく。

る。中ロの空母運用のための早期警戒機能と電子戦機能はヘリコプターでの対応となっているが、これは戦闘機に比し推力重量比の小さな固定翼の早期警戒機などが離陸できないからである。ヘリコプターは、固定翼の航空機より行動半径が小さく艦載機に対する支援覆域がせばまり、作戦空域に制限がかかるという特性があり、米軍空母に比して運用上不利である。

なお、ロシアの空母は、対潜（ASW）、早期警戒（AEW）と電子戦（EW）用の艦載ヘリとともにFGAを搭載し、攻勢的な作戦を実施する態勢が整っているが、中国は支援用の航空機、特に電子戦機などの装備が整っていないため、現状では敵勢力下での攻勢的な艦載機運用に制限がある。

現在の能力を前提にすれば、米空母の能力は大幅に中ロを上回っており、ロシアの空母の実運用能力は限定的であり、中国に至っては運用場面が限られる能力しか有していないと考えられる。

❷米空母の攻撃力を支える電子戦機

表20中の空母艦載機としてEA-18G（イメージ8）という見慣れない航空機が含まれているが、これは電子戦機であり、敵国が航空優勢を保持している空域に侵入した際に電子妨害・攪乱を行い、FA-18などの艦載マルチロール機を支援する重要な役割を担う。

米軍内で電子戦機を最も多く保有しているのは海軍航空隊であり、EA-18G電子戦機を

158機保有している（表15参照）。このEA－18GはFA－18の機体をベースにしているため、戦闘機に追随した行動をとれる点に特色がある。海軍に固定翼の電子戦機を配備しているのは米国のみであり、電子戦飛行隊を13個配備している。

なお、空軍に関しては、米中ロの3か国とも電子戦機を保有しており、米国は13機（EC－130H）の保有に対し、中国はほぼ同数の14機であるが、ロシアは3機に過ぎない。これは米国が強みとする電波妨害を含む航空機運用に対し中国が高い警戒感を持つとともに、電子戦を重視し電磁分野において同等の攻撃力を持ちたいとの意欲の表れと考えられる。ロシアはこの分野では配備機数が少ない。飛行隊単位でみると、米国はEC－130Hの電子戦飛行隊2個とFA－18Gの飛行隊1個（要員だけであり、機体は海軍所属機を使用）の合計3個飛行隊を配備し、中国はY－8CBなどの2個飛行隊を配備している。なお、ロシアは飛行隊を編成するまでの機数に至っていない。

イメージ8　FA-18G Growler

また、電子戦の基礎となる電波情報の収集という面では、米ロ両国が電波収集機をそれぞれ22機と31機保有しているのに対し、中国は急速に追い上げて空軍の4機に加え海軍機14機の合計18機の電波収集機の保有に至っている。特に、海軍機の増強が著しく新鋭機のY－9JZを6機導入してきている。[54] これは、東シナ海や南シナ海において米軍とこれと連携する自衛隊の作戦機等から情報資料を得て、航空作戦等における電磁波領域での攻防を有利にする意図に基づいていると考えられる。

しかし、全般的には、米国の電子戦飛行隊の規模が他を圧倒しており、米国は電子戦機を交えた侵攻能力の優位性を維持できている。一方、ロシアは電子戦能力を持つものの電子戦機の少なさから攻勢的な能力は低くなっている。中国はデータの蓄積不足から現状では能力に限りがあると考えられるが、電子戦機を一定数保有し、かつ情報資料の収集にも努めていることから、将来的には高い能力を持つと考えられる。

（2）意外と少ない地上戦闘部隊

米陸軍の機動戦闘部隊は旅団戦闘団（Brigade Combat Team：BCT［旅団に相当］）として編成されている。表21は旅団戦闘団をまとめたものであるが、空挺戦闘団を含めて29個群と予備戦力としての州兵27個群が現有戦力となっている。機甲戦闘団（ＡＢＣＴ）は2個機甲大隊と1個装甲歩兵大隊（機械化大隊）を基幹とする部隊であり、ストライカー戦闘団（ＳＢＣＴ）は3個装甲歩兵大隊を基幹とする部隊となっている。この2つの戦闘団は火力と防御力に優れ、前線を支える重要な役割を果たす。他方、歩兵戦闘団（ＩＢＣＴ）は、3個

表 21　旅団戦闘団の現況と所属

BCT 種類		所属	名称	基地	州
機甲戦闘団（ABCT）	11 個群	第 1 機甲師団	第 1ABCT	Fort Bliss	Texas
			第 2ABCT		
			第 3ABCT		
		第 1 騎兵師団	第 1ABCT	Fort Hood	
			第 2ABCT		
			第 3ABCT		
		第 1 歩兵師団	第 1ABCT	Fort Riley	Kansas
			第 2ABCT		
		第 3 歩兵師団	第 1ABCT	Fort Stewart	Georgia
			第 2ABCT		
		第 4 歩兵師団	第 3ABCT	Fort Carson	Colorado
	5 個群	州兵（予備戦力）			
ストライカー戦闘団（SBCT）	4 個群	第 4 歩兵師団	第 1SBCT	Fort Carson	Colorado
		第 7 歩兵師団（第 2 歩兵師団）	第 1SBCT	Joint Base Lewis-McChord	Washington
			第 2SBCT		
		第 25 歩兵師団	第 1SBCT	Fort Richardson	Alaska
	2 個群	州兵（予備戦力）			
歩兵戦闘団（IBCT）	6 個群	第 4 歩兵師団	第 2IBCT	Fort Carson	Colorado
		第 10 山岳歩兵師団	第 1IBCT	Fort Drum	New York
			第 2IBCT		
			第 3IBCT		
		第 25 歩兵師団	第 2IBCT	Schofield Barracks	Hawaii
			第 3IBCT		
	20 個群	州兵（予備戦力）			
空挺戦闘団（ABBCT）	8 個群	第 82 空挺師団	第 1ABBCT	Fort Bragg	North Carolina
			第 2ABBCT		
			第 3ABBCT		
		第 101 航空強襲師団	第 1ABBCT	Fort Carnbell	Kentucky
			第 2ABBCT		
			第 3ABBCT		
		第 173 空挺旅団	（ABBCT）	Vicenza	Italy
		第 25 歩兵師団	第 4ABBCT	Fort Richardson	Alaska

注：『ミリタリーバランス 2020』等による。

軽歩兵大隊を基幹とし、空挺戦闘団（ABBCT）は3個空挺大隊を基幹とした部隊であり、機動的な襲撃には適するものの装甲装備に乏しく、前線で支配領域を維持する陸上戦闘には向かない部隊となっている。したがって、国外で戦闘が予想される作戦行動においては、15個しかないABCTとSBCTの常備戦力から戦力を抽出することになるが、戦力がひっ迫しているため、後述する州兵のABCTを派遣したり、州兵を戦力化したSBCTを編成したりして海外任務に充てている。[55]

米国は、現在、15個のABCTとSBCTの中から韓国、クウェートと欧州の3か所にそれぞれ1個をローテーション配備している。基本的に米本土に即応性を持たせるため待機させる部隊を除く戦闘団で9か月のローテーションを回しており、4回に1回程度順番が回ることになり（3年に1回のペース）、部隊にとって大きな負担となっている。

15個しかない陸軍のABCTとSBCTを補完する戦力として、州兵（Army National Guard: ARNG）がある。この州兵は、国防省と米国各州の両方の予算により運用され、国内災害等の緊急事態や海外での各種作戦に投入される。州兵のABCTは5個、SBCTは2個であり、合計7個戦闘団が運用可能となっている。実際、クウェートの機甲旅団には州兵のABCTが充てられている。なお、州兵の機動戦闘部隊としては、歩兵主体のIBCTが多く、20個戦闘団が存在している。

（3）宇宙アセット

軍事用人工衛星では米国が優位であるが、中国が急速に追い上げており、宇宙は米国の優位性が脅かされつつある分野の一つである。表22は米中ロの軍事衛星保有状況を比較したものである。保有状況に大きな相違があるのは、通信、電波、宇宙監視と早期警戒の分野である。

通信衛星に関しては、米国とロシアの保有機数が多く、中国は9機しか保有していない。米国が45機と多数の衛星を保有しているのは、前方展開する米軍部隊の指揮通信網を支えるとともに核兵器を確実に運用するためであり、高性能の通信衛星を多数保有している。これに対し、ロシアの場合は東西に広い国土が高緯度地域にあることから、赤道上空の静止衛星軌道では国内の衛星通信が確保できないため周回軌道を持つ衛星を多数打ち上げているという事情に基づいている。その多くは、単純な機能を有する小型衛星に過ぎない。中国は専用衛星4機に加え、軍民共用の静止衛星を5機保有しているほか、測位衛星である北斗の有するショート・メッセージ機能を通信に用いることができる。全世界的に確実な部隊運用をするためには、グローバルな覆域、秘匿性、確実性、冗長

表22 衛星保有数の比較

衛星種類	米国	ロシア	中国
通信	45	61	9
測位	31	26	34
気象等	6		8
画像	17	11	25
電波 （海洋監視）	27 （12）	5	41 （17）
宇宙監視	6		
早期警戒	8	3	
合計	140	106	117

注①『ミリタリーバランス 2020』による。②中国の海洋監視衛星は、Yaogan-30 の 15 機と Yaogan-32 の 2 機の合計 17 機。

性を兼ね備えた通信衛星システムが必要なところ、このような能力を有するのは現状では米国のみである。

電波収集衛星に関しては、米国が27機、ロシアが5機、中国が41機保有している。そのうち、電子戦データ収集を含む各種電波情報を収集する衛星は米国が15機、ロシアが5基、中国が23機となっている。船舶の発する電波の収集にあたっている海洋監視衛星は、米国と中国のみが保有しているが、中国は２０１７年から打ち上げを開始し、17機体制となっており、米国を超える保有数となっている。この分野では、中国が急速に能力を向上させているが、米国は依然高い能力を維持している。

早期警戒衛星は米国とロシアのみが保有している。ロシアの早期警戒衛星はモルニア軌道をとる極軌道衛星3機のみであり、北極海上空から主として米国を監視対象としている。これに対し、米国は極軌道衛星に加え全世界をカバーする静止軌道衛星を保有しており、全世界規模のミサイル発射を監視している。

米国は、宇宙空間に多くの軍事衛星を配し、その軍事利用において中ロに優越しており、これらは米国の軍事的優位性の源である戦略核兵器運用や部隊の前方展開を支える基盤となっている。それがゆえに軍事衛星の保全は米国にとって死活的に重要であり、米国は、中ロによる衛星破壊に備えるため、地上の宇宙監視施設に加え宇宙監視衛星を6機宇宙空間に配置している（イメージ9）。

まとめ

現状では米国の戦略抑止態勢は強固であり、現有核兵器の近代化計画も進行している反面、指揮通信面で核戦略能力を支える宇宙とサイバー空間における中国とロシアの能力向上が脅威となっている。

通常戦力による抑止に関しては、機動力の高い米空母は中ロとの比較で高い戦闘力を持つ。陸上戦力は、基幹となる機動戦闘部隊の数は多くないものの、遠征軍として戦力の機動性が高い状態で維持されているところ、欧州、中東と韓国の3か所のローテーション展開を抱えているため、部隊に負担がかかる状況が続いている。

イメージ9　宇宙監視衛星

第2節　遠征軍である米軍を意識する中国とロシア

中国とロシアの軍事態勢は米国と異なっており、両国とも軍事大国であるものの、どちらかと言えば、自国の近傍に展開する米軍とその同盟国軍を排撃することを意識したものとなっている。実際、2019年の中国国防白書では「新時代の中国の国防政策」の項において、国防目標の最初に米国を念頭に置いた「侵略の抑止と抵抗」を挙げている。[56] 中国とロシアは、遠征軍としての米軍部隊に対し、本国とその周辺でいかに有利な作戦行動をとるかに腐心している。

中国

(1) 対米戦略の概要

２０１９年の中国国防白書の記述から見ると、中国軍は、海上においては、「海上機動作戦」、「海上統合作戦」と「総合防御作戦」を実施し、空軍によるエアカバーとして「戦略早期警戒」、「空中打撃」、「情報対抗」を行い、ロケット軍は「中遠距離精密打撃」を実施する態勢を整備し、その下で陸軍が統合的な立体作戦や持久作戦を実施するとしている。また、特殊作戦、水陸両用作戦、戦略輸送などの新たな能力を向上させ、多機能かつ融通性の高い部隊編成を推進するとしている。

これは、現在のミサイル攻撃主体の非対称な対米戦略（Ａ２ＡＤ戦略）を中核に据えつつも、長期的には対称的な戦力、すなわち同種の軍種で米軍と正面から対峙できる戦力を整え、米軍に対等な形で対抗する態勢を構築すると宣言しているに等しい。後述するように、中国は２０１５年末から16年にかけて大規模な軍事改革を行ったが、この改革は米軍に対抗する核となる統合部隊の成立に向けた不可欠なステップであった。

本項においては、まず中国の非対称戦略の現状を見たのちに、米軍と肩を並べるべく整備を進める陸海空軍の通常戦力について考察する。

(2) 非対称戦略

東アジアの前方展開基地に駐留する米軍部隊に加え、米本土に配備されている空母を拠点とする航空侵攻戦力や海兵隊の着上陸侵攻戦力は、中国にとって大きな軍事的脅威となっている。この米軍の脅威を低く抑えるため、中国近傍にある既存の米軍基地の能力発揮を阻害するともに、米本土の戦力が中国近傍に進出してくるのを妨害することが中国には重要となる。そのための戦力としてミサイルを重視し、中長距離精密打撃で近傍の駐留米軍部隊と米本土から来援する米軍部隊の双方を無力化するのが、近接阻止・領域拒否戦略(A2AD戦略)である。米軍の航空機や艦艇に対し同種の航空機や艦艇(対称戦力)で対抗するのではなく、ミサイル戦力で対抗することから非対称戦略とも呼ばれる。具体的には、各種ミサイル攻撃により、米空軍基地の航空機や滑走路を含む施設を破壊して航空作戦機能を麻痺させるとともに、侵攻戦力となる米空母打撃群や海兵隊の乗り組む強襲揚陸艦の中国への接近や近海での行動を妨害することを狙っている。

このA2AD戦略は、中国の地政学的位置をうまく利用した戦略となっている。

中国にとっての脅威は、米軍が航空戦力を用いて中国本土周辺の航空優勢を獲得し、その条件下で米国とその同盟関係にある国または地域の陸上戦力が中国周辺で作戦行動を行うことである。そして、航空優勢は戦闘機によって獲得されるものだが、戦闘機は航続距離が短く作戦行動半径は1500キロメートル前後であり、滞空時間も5時間程度である。したがって、基地を拠点とする米軍航空戦力は、米本土から来援した航空機を含め東アジアの前方展開基地またはその周辺の使用可能な飛行場を使用せざるを得ない。また、空母打撃群から発進する戦闘機の場合は、作戦行動半径以上に空母からは離れられないため、米空母は東シナ海または西太平洋など中国に近い海域に進出する必要がある。その際の経路は、西太平洋とインド洋[57]からの海洋経由に限定される。

中国から見れば、前方展開基地とその周辺の飛行場を無力化し、空母を中国に接近させなければ、中国は中国本土周辺の航空優勢を保つことができ、米軍の海兵隊を含む陸上戦力に対抗することが可能となる。米軍の前方展開基地と飛行場を無力化する戦力が対地ミサイルであり、米空母の接近を妨害するとともに作戦行動を阻害する戦力が対艦ミサイルとなる。そして、ロシアによる閉塞のため、米軍は北方から侵入できず、航空機は中国が設定している東シナ海防空識別区を通過する必要があるため、東シナ海で航空機に対する警戒監視体制を強化するとともに、米軍艦艇の西太平洋への接近とインド洋から南シナ海への接近の捕捉に努めている。なお、南西方面は山岳地帯を含む内陸地であるし、北京にも遠いため、この方面からの戦力投入は難しい（図13）。

❶ミサイル戦力の現状

中国は、米軍の接近を妨害したり、行動を妨害したりする地理的範囲をどこまで広げようとしているのかが次に焦点となる。表23は、東アジアにある米軍基地の中国本土からの距離を示したものであるが、ほぼこれらの基地をカバーする範囲を中国は視野に入れていると言ってよい。具体的には、小笠原諸島からマリアナ諸島で構成される列島線（中国が呼称する「第2列島線」）を含んだ中国本土から4000キロメートル程度の範囲であると考えられる。この4000キロメートルまでの射程のミサイルに関しては、米国とロシアはINF全廃条約によって地上配備型ミサイルの開発と配備が禁止されていたため、中国はその間隙を突いて両国に先んじた形となっている。特に、ロケット軍の保有する短距離、中距離と準中距離の弾道ミサイルは、米ロと比べてその種類と量が突出している。

図13　中国のA2AD戦略の背景

中国のミサイル戦力に関しては、ロケット軍の弾道ミサイルや巡航ミサイルに意識を向けがちであるが、対地・対艦攻撃では海軍と空軍の膨大な数の航空機がミサイル発射母体として機能するほか、対艦攻撃では陸軍や海軍の地上配備ミサイル部隊に加え、海軍の多数の艦艇が膨大なミサイル投射能力を有している。

表23　中国本土からの米軍基地の距離

基地名	距離
群山（韓国）	400 km
烏山（韓国）	400 km
嘉手納（日本）	650 km
三沢（日本）	850 km
横田（日本）	1,100 km
アンダーセン（グアム）	3,000 km

❷対地ミサイル

表24は、中国軍の主な対地ミサイルを一覧にしたものである。ロケット軍の弾道ミサイルと巡航ミサイルは、グアムを含む米軍の前方展開基地を射程内に収めている。短距離弾道ミサイル（SRBM）約190基が在韓米軍基地、準中距離弾道ミサイル（MRBM）と対地巡航ミサイル（LACM）約100基が在日米軍基地への攻撃能力を有している。グアムへは中距離弾道ミサイル（IRBM）約70基を振り向けることが可能である。

各ミサイルは、弾頭搭載量が600キログラム前後であり、単弾頭の地上爆発型や地中貫通型、子弾を複数搭載した広域破壊のための弾頭などを装着することができ、攻撃目標に応じた弾頭の選択が可能である。掩体[58]内にある戦闘機を破壊するのであれば、貫通型の子弾を搭載した弾頭を使用するであろうし、地上施設破壊であれば、地表爆発型や貫通型の単弾

表 24　中国軍の主な対地ミサイル

軍種	種別	名称	射程	発射母体	発射機数	炸薬搭載量
ロケット軍	SRBM	DF- 11A	300 ~ 600km	TEL	108	800kg
		DF- 15B	600 ~ 800 km		81	600kg
	MRBM	DF- 16	1, 000km		24	500kg
		DF-17 HGV	2, 000km		16	—
		DF-21C	1, 500 km		24	600kg
	IRBM	DF-26	4, 000 km		72	—
	GLCM	CJ-10	2,200 km		54	—
		CJ-100	長射程		16	—
海軍	ASM	KD-88	100km, 300km	JH-7 × 4 J-10 × 2 J-15	120 23 20	100kg, 250kg
空軍	ASM	KD-88	100km, 300km	JH-7 × 4 J-10 × 2 J-20A H-6K/N × 6	140 445 22 104	100kg, 250kg
		Kh-29	30km	Su-30MKK × 2	73	320kg
		Kh-59M	120km	Su-35 × 5 J-11	24 130	694kg
	ALCM	CJ-20	1500km	H-6K/N × 4	(104)	450kg
		YJ-63	200km			513kg

注①『ミリタリーバランス 2020』等による。「—」は不明を表す。②発射母体欄の× 4 と× 6 は 4 発または 6 発搭載可能であることを示す。③発射機数欄は、ロケット軍は移動式ランチャー(TEL)の数を、海軍と空軍は航空機の機数を記載。④空軍 ALCM の発射機数は KD-88 欄の H6-K の機数と重複するため括弧を付した。⑤略語は次のとおり。SRBM: 短距離弾道ミサイル、MRBM: 準中距離弾道ミサイル、IRBM: 中距離弾道ミサイル、GLCM: 陸上発射巡航ミサイル、ALCM: 空中発射巡航ミサイル、ASM: 空対地ミサイル。なお、DF-17HGV（Hypersonic Glide Vehicle）はマッハ 5 以上で飛翔する滑空式超音速ミサイルである。

頭を使用するであろう。

このようなロケット軍の弾道ミサイル等により、米軍などの航空作戦能力や防空能力を麻痺させた後は、攻撃機（マルチロール機を含む）や爆撃機を発射母体とする対地ミサイルが使用される。この空中発射ミサイルは膨大な数量に上るのが特徴であり、対地ミサイル発射可能な航空機は1000機を超え、1機あたり2発以上のミサイルを搭載可能である。対地ミサイル総数は2000発を超えることとなり、ロケット軍のミサイル数の約10倍の投射能力がある。攻撃機の作戦行動半径は1500キロメートル前後であることに鑑みれば、日本と韓国の前方展開基地はこれらの航空機からのミサイルの脅威下にある。また、H6－K爆撃機の搭載するCJ－20対地ミサイルは射程1500キロメートルであり、爆撃機の進出距離と合わせれば、グアムの米軍基地に対しても攻撃可能である。

❸対艦ミサイル

表25は、対艦ミサイルを一覧で示したものである。対艦ミサイルには、中国本土からの陸上発射、本土を離れて海上の航空機からの空中発射に加え、水上戦闘艦艇または潜水艦からの海洋発射がある。ミサイルの投射可能な地理的範囲は、空中発射や海洋発射の場合、発射母体である航空機または艦艇の作戦行動範囲を加味して考察する必要がある。

米本土から東アジアに向けて移動する米海軍の空母を含む水上戦闘艦が中国大陸から比

表 25　中国の主な対艦ミサイル

タイプ	軍種	名称	射程	最大速度	炸薬搭載量	発射基数	発射機内訳
地上発射	ロケット軍	DF-21D	1,500km	10 ~ 12	600kg	TEL:30 基	—
		DF-26	4,000km	10 ~ 13	—	TEL:72 基	
	陸軍	YJ-62	280 km	亜音速	300kg	TEL:912 基	沿岸防衛 19 個旅団
		HY-1	40km	亜音速	500kg		
		HY-2	95km				
		HY-4	150km				
	海軍	YJ-12	500km	3	250kg	TEL:72 基	沿岸防衛 3 個連隊
		YJ-62	280km	亜音速	300kg		
空中発射	海 / 空軍	KH-31A	50km	2.9	94kg	戦闘機 :535 機	JH-7A: 72（海） J-11: 72（海）,130（空） JH-7A:140（空） Su-35: 24（空） Su-30MKK:73（空） Su-30MK2: 24（海）
	海軍	YJ-12	500 km	4（推定）	250kg	爆撃機 :35 機 戦闘機 :24 機	H - 6G/J:35 × 4 Su - 30MK2:24
		YJ-8K	50km	亜音速	165kg	爆撃機 :35 機 戦闘機 :163 機	JH-7:120 × 4 J-10 : 23 J-15: 20 H - 6G/J:35 × 4
		YJ-83K	180km	亜音速	165kg		
海洋発射	海軍	YJ-18	540km	3	300kg	潜水艦 36 隻 水上艦 12 隻	SSN:6, SSK:30 CG:1 × 112,DD:11 × 64
		YJ-82	40km	亜音速	165kg	潜水艦 36 隻	SSN:6, SSK:30
		SS-N-27 B	220km	2.2	200kg	潜水艦 8 隻	SSK:8
		SS-N-22	120km		300kg	水上艦 3 隻	DD:3 × 8
		YJ-62	280km	亜音速	300kg	水上艦 6 隻	DD:6 × 8
		YJ-83	190km	1.4	165kg	水上艦艇 158 隻	DD:4 × 16, 2 × 8 FF:47 × 8, 2 × 16 FS:43 × 4, PC:60 × 8
		YJ-12	500 km	4（推定）	250kg	水上艦 2 隻	DD:2 × 8
		HY-2	95km	亜音速	500kg	水上艦 3 隻	FF:3 × 4
		YJ-8	40km	亜音速	165kg	水上艇 26 隻	PC:6 × 6, 20 × 4

注①『ミリタリーバランス 2020』等による。②最大速度欄の数値単位はマッハ。発射基数欄の TEL は移動式地上発射ランチャーであり、発射機内訳欄の SSN は攻撃型原子力潜水艦、SSK は通常動力潜水艦、DD は駆逐艦、FF はフリゲート艦、FS はコルベット艦、PC は水上艇を示す。③陸軍沿岸防衛 19 個旅団の移動式ランチャーの数は、1 個連隊の保有数を 24 基とし、2 個連隊で 1 個旅団を構成する前提で算出。④発射機内訳欄の × 4 と × 6 は 4 発又は 6 発搭載可能であることを示す。なお、マルチロール機（戦闘攻撃機）は兵装セットにより搭載数は変動するが、2 発から 4 発程度搭載可能。また、水上艦艇は巡航ミサイル用のランチャーを装備しているが、潜水艦は 6 基の魚雷発射管から発射する形態をとり、対艦巡航ミサイルは魚雷と混載するため搭載数は変動する。なお、YJ-18 を搭載する DD（Luyang III 級）は 64 セルの発射機を持つが、対空ミサイル等との混載であり、対艦ミサイルの搭載数は変動する。⑤空中発射の YJ-12、YJ-8K と YJ-83K は、IHS Jane's によれば空軍機に装備可能であるが、『ミリタリーバランス』では空軍装備の表示がないため空軍機は算入せず。

較的離れた海域で直面する脅威は、対艦弾道ミサイル（ＡＳＢＭ）と潜水艦から発射される対艦巡航ミサイル（ＡＳＣＭ）である。前者のＡＳＢＭについては、近年、第2列島線を越えて西太平洋を広くカバーする射程４０００キロメートルのＤＦ－26が導入されつつある（イメージ10）。ＡＳＢＭは高速で艦艇の直上方向から飛来するため迎撃が難しく、かつ、多数の子弾によって広範囲に多数の貫通損傷を与えるという特徴を持つ。また、後者のＡＳＣＭは、最高速力30ノット（時速55キロメートル）と機動力のあるシャン（Shang）級攻撃型原潜から発射される巡航ミサイルであり、原潜が隠密裏に西太平洋に進出した後、遠距離（５００キロメートル）から米艦艇を攻撃することができる。最近の対艦ミサイルは最終段階での飛翔速度が超音速になってきており、潜水艦発射のＹＪ－18もマッハ３の速度になるため迎撃が難しく、空母などにとって高い脅威となる。

また、中国側が作戦初期段階のミサイル攻撃で米軍の前方展開基地や東シナ海に展開する米海軍戦力などを無力化し、中国の航空機や艦艇が太平洋に進出可能となった場合は、Ｈ－６爆撃機から発射される超音速の対艦ミサイルＹＪ－12や駆逐艦から発射されるＹＪ－18も米海軍艦艇の大きな

イメージ10　DF-26

脅威となる。ＹＪ－18は、ルーヤン（Luyang）Ⅲ級駆逐艦では最大64セルに搭載可能であり、11隻という保有数に鑑みれば、最大７００発の投射能力があるほか、新型のレンハイ（Renhai）級巡洋艦は単艦で１１２発の発射能力を持っている（イメージ11）。

第1列島線周辺の海域（東シナ海や西太平洋）では、中国側はさらに高い密度での対艦ミサイル攻撃が可能となる。射程１５００キロメートルのＡＳＢＭであるＤＦ－21Ｄに加え、爆撃機と攻撃機による超音速対艦ミサイル攻撃のほか、多数の攻撃機からの飽和攻撃も可能である。

また、フリゲート艦などの比較的小型の水上戦闘艦艇や通常動力型潜水艦が数多く配備されているところ、これらのほぼ全艦艇に超音速の対艦ミサイルが行き渡っている状況にある。現在の水上戦闘艦の対艦ミサイルの主力は最高速度マッハ１・４のＹＪ－83であり、１５６隻に配備され、合計で１１００セルを超える発射能力を有している。通常動力型潜水艦にも前述のＹＪ－18などの超音速対艦ミサイルを装塡可能であり、隠密裏での攻撃能力がある。

さらに、陸軍と海軍が沿岸に配備する対艦ミサイル部隊の編成が進んでおり、米軍等の中国本土への着上陸や本土に近

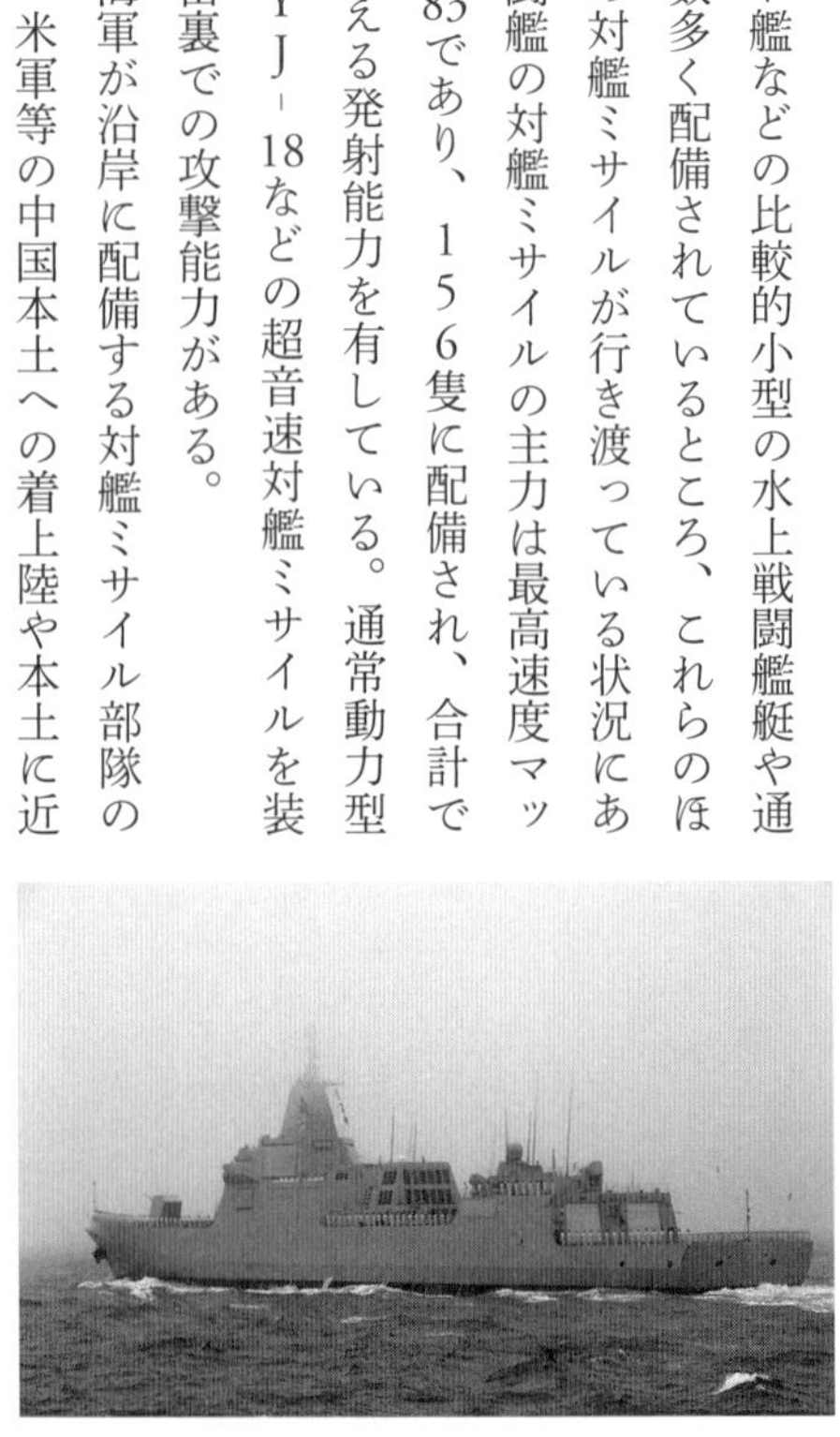

イメージ11　レンハイ級巡洋艦

い海域での海上作戦行動を抑止する態勢の強化が進んでいる。

❹キル・チェーン

中国が大量のミサイルをいくら配備しても、攻撃目標である艦艇に命中しないのであれば脅威度は低くなる。50キロメートル程度の短射程の対艦ミサイルでは、発射母体である航空機または艦艇が攻撃目標を捕捉しているため、ミサイルの誘導は容易であるが、ミサイル射程が100キロメートルを超えて長くなればなるほど、目標にミサイルを誘導することが難しくなる。

一般に、ミサイルによる精密攻撃は、キル・チェーンという一連の流れに沿って行われる。すなわち、①敵目標の探知・識別、②捕捉・追尾、③照準・打撃、④評価というサイクルで行われる。④の評価で不十分な成果であれば、また①からのプロセスが行われる。

地上の固定目標であれば、偵察衛星から事前に得られた画像位置情報に基づきミサイルを誘導することが可能であり、①と②を省いて③と④のプロセスで足りる。打撃自体は、ジャイロを用いた慣性航法システム（INS）や測位衛星信号を用いて目標に接近し、最終的にはミサイル自体が保有するレーダーなどのセンサー（シーカー）の探知により目標に到達し、弾頭の破壊力により行われる。ジャイロは汎用技術として高精度になってきていることに加え、中国の測位衛星システム「北斗」が広域運用を開始しており[59]、同システムには民生用に比し広帯域の軍事専用の電波帯域が設定されていることから、中国の対地ミサイルは、遠距離であっても精密に照準し、攻撃する能力があると考えられる。

他方、移動目標である艦艇の場合は、キル・チェーンの目標を探知することから始めなければならない。特に1000キロメートルを超える長距離の場合、海洋監視衛星、超水平線監視レーダー（OTHレーダー）、長距離監視ドローンなどの長距離ISR[60]能力が探知に不可欠である。また、移動目標の場合、探知したとしてもミサイル誘導に足りるだけの継続的な捕捉を続ける必要がある。

中国は、3個の衛星で一組となる海洋監視衛星コンステレーション[61]を既に6組地上1000キロメートルの周回衛星軌道に打ち上げており、耐用命数を考慮しても5、6個セットは運用中と考えられる。105分程度で地球を1周する周期をもつことから、仮に5個セットとすると20分ごとに衛星コンステレーションが同一軌道をなぞる計算となる。これに加えて、中国はOTHレーダーを運用中であり、大型の飛行ドローンを配備し、さらに水中航行ドローンの開発も行っている。衛星による高頻度観測能力を他の観測手段と組み合わせているとすれば、中国は常時海洋監視能力を獲得している可能性が高く、時間の経過とともに、中国の長距離ISR能力はさらに向上すると考えられる。

そして、衛星等のセンサーにより移動目標の探知や追尾ができれば、前述の固定目標と同様に照準・打撃が行われ、その結果を評価するプロセスへと流れていくこととなる。

コラム1　個別の非対称戦力の説明

ここでは、A2AD戦略を構成する具体的なミサイル戦力として、ロケット軍、H－6爆撃機とシャン級原子力潜水艦について、簡単に補足説明する。

ロケット軍

ロケット軍は、核弾頭の弾道ミサイルに加え、通常弾頭の弾道ミサイルと長距離巡航ミサイルを運用している。表26は装備しているミサイル戦力をまとめたものである。核弾頭装備のミサイルの数は発射母体のランチャー数に合致するが、通常弾頭は再装塡可能なミサイル飛翔体が多数ストックされている可能性がある。[62]

ロケット軍は、核ミサイルを運用する組織であるため、軍事改革により設置された統合組織である5つの戦区[63]には組み込まれていない模様である。核兵器を装備するのは11個のICBM旅団と6個のMRBM旅団の合計17個旅団である。通常弾頭は8個MRBM旅団、3個SRBM旅団と2個GLCM旅団の合計13個旅団であり、これに加えて、核と通常弾頭の両方を装備するデュアル・ユースのIRBM旅団が4個旅団配備されている。

全体では、34個旅団あり、核と通常兵器がほぼ半分ずつのウエートを占めている。これら旅団は遼寧省瀋陽、安徽省黄山、雲南省昆明、河南省洛陽、湖南省懐化と青海省西寧の6つの基地によって束ねられ、さらに北京にある司令部が全体を統括する組織となっている。

中国は、米ロと異なりINF全廃条約による制約がなかったため、多くの中距離と準長距離ミサイルを保有している。そして、大量に保有する通常弾頭のMRBMとSRBMは、中国側の人的物的被害を発生させずに一方的に周辺国の防衛施設の能力を低減させ、

表26　ロケット軍のミサイル装備

種別		ミサイル名称	射程（km）	旅団数	ランチャー基数		
					核	両用	通常
弾道ミサイル	ICBM:98	DF-4（CH-SS-3）	5,500	1	10		
		DF-5A/B（CH-SS-4 Mod 2/3）	13,000	3	20		
		DF-31（CH-SS-10 Mod 1）	7,000	1	8		
		DF-31A（CH-SS-10 Mod 2）	11,200	2	24		
		DF-31A（G）（CH-SS-10 Mod 3）	11,000	2	18		
		DF-41（CH-SS-20）	15,000	2	18		
	IRBM:72	DF-26	4,000	4		72	
	MRBM:174	DF-21A/DF-21E（CH-SS-5Mod 2/6）	2,150	6	80		
		DF-16（CH-SS-11 Mod1/2）	800-1,000	2			24
		DF-17 HGV	2,000	2			16
		DF-21C（CH-SS-5 Mod 4）	2,400-3,000	2			24
		DF-21D（CH-SS-5 Mod 5 - ASBM）	1,500	2			30
	SRBM:189	DF-11A（CH-SS-7 Mod 2）	500-600	3			108
		DF-15B（CH-SS-6 Mod 3）	1,000				81
巡航ミサイル	GLCM:70	CJ-10/CJ-10A	1,500	2			54
		CJ-100	-（長射程）				16
合計				34	178	72	353

注『ミリタリーバランス2020』等による。ランチャーの基数は推定値。

場合によっては防衛組織を麻痺させることが可能であり、中国にとって先制攻撃が極めて有利となる状況が生じている。

爆撃機の能力

空軍はH-6H/K/Nを164機程度保有し、東部、南部と中部戦区にそれぞれ1個師団ずつ置いて運用している。また、海軍はH-6G/J（イメージ12）を35機保有し、東部と南部戦区に1個連隊ずつ配備している。

海軍型のH-6G/Jは対艦攻撃が主体で射程500キロメートルの対艦ミサイルの発射母体であり、空軍型のH-6Kは長距離対地攻撃が可能で射程1500キロメートルの空中発射巡航ミサイル（CJ-20）の発射母体となっている。H-6型の爆撃機は、航続距離が6000キロメートルと長く、同機が日本の南西諸島（第1列島線）を突破できれば、西太平洋に進出してくる空母打撃群を攻撃したり、グアムのアンダーセン空軍基地を攻撃したりすることが可能となり[v]、米軍部隊が前方展開する際

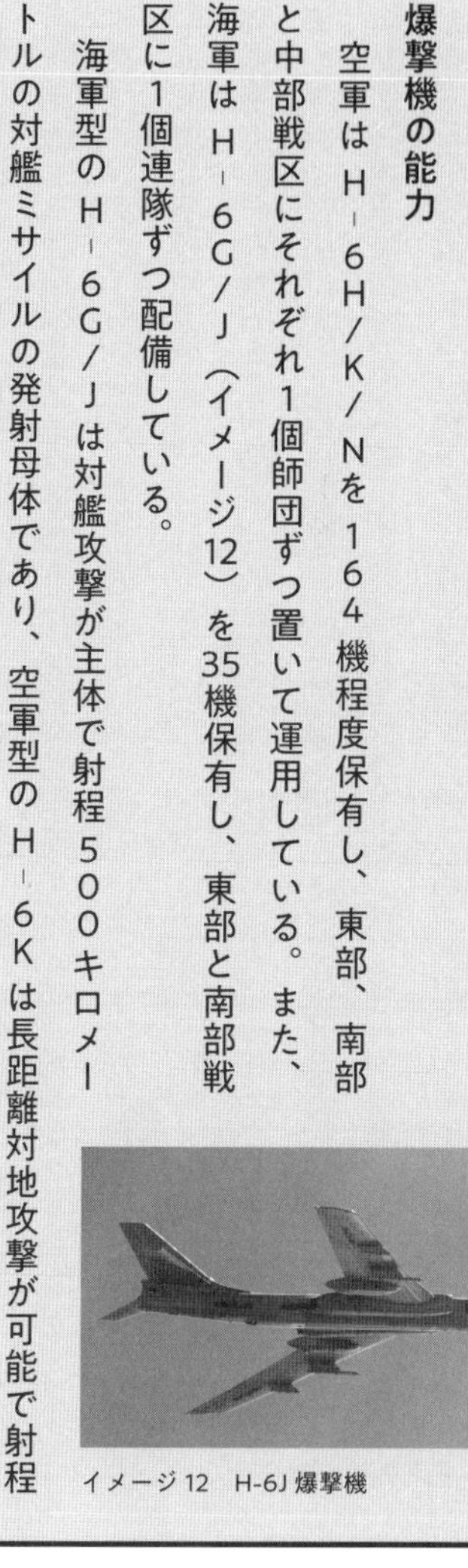

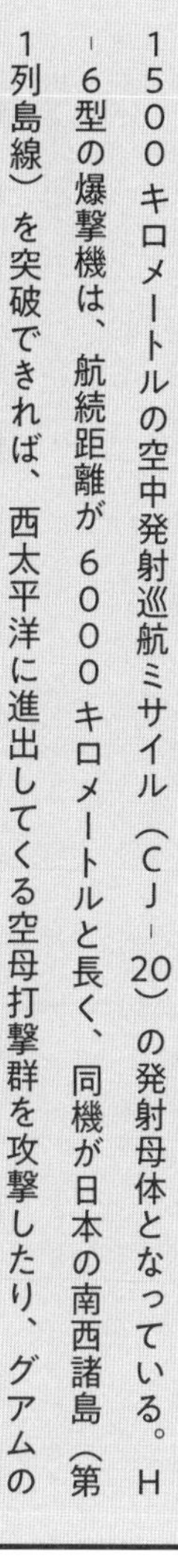

イメージ12　H-6J 爆撃機

v グアムのアンダーセン空軍基地は中国本土からの最短距離は約3000キロメートルである。南西諸島は同約700キロメートルであるところ、H-6型爆撃機が南西諸島を超えて南鳥島付近まで進出できればアンダーセン基地を射程内に捉える。

の大きな脅威の一つとなっている。

シャン級攻撃型原子力潜水艦

中国は戦術潜水艦を55隻保有する潜水艦大国であるが、そのうちの原子力推進型はシャン級潜水艦6隻と比較的少数にとどまっている。米国の戦術原潜は対地攻撃能力を重視する傾向にあるのに対し、この潜水艦は対艦攻撃能力を重視したものとなっており、兵装は6個の魚雷発射管のみであり、対艦魚雷と対艦ミサイルのみを搭載している。[64]

原子力推進の潜水艦は速力が大きいことが特徴であり、通常動力型のキロ級潜水艦の速力が17ノット（時速30キロメートル）であるのに対し、シャン級潜水艦はその倍近い30ノット（時速55キロメートル）と機動性が高い。通常型と異なり、定期的に浮上して発電機を運転する必要がないため、潜水したまま隠密裏に外洋へと進出することが可能であり、発見されるリスクが低くなっている。この機動力のある潜水艦が射程500キロメートルに及ぶ超音速対艦巡航ミサイルを装備しているという状況は、前方展開のため海上を移動する米海軍艦艇にとって好ましいものでなく、その高い脅威度から潜水艦の探知に力を注がざるを得なくなり、作戦行動の制約条件となる。

❺まとめ

中国は、本土から1500キロメートル程度の地理的範囲内において、米軍基地機能を麻痺させる能力と米空母打撃群などの水上艦艇の海上作戦行動を封じ込めて拒否する能力（領域拒否［AD］能力）を既に確立している状況にある。

また、1500キロメートルから4000キロメートルの地理的範囲において、東アジアに向け移動中の水上艦艇に対して重大な損害リスクを生じさせることにより機能発揮を妨害する能力（近接阻止［A2］能力）を獲得済みである。

（3）対称的な能力の構築

中国は同種の軍種で米軍と正面から対抗しうる戦力の充実に努めており、陸軍はコンパクトで攻撃力の高い旅団に改編するなど米陸軍のBCTを意識して編制[x]を整理し、海軍は空母や強襲揚陸艦の戦力化に努め、空軍は第4世代機以降の戦闘機の機数を着実に増加させつつ、部隊編制の標準化を進めている。特に、陸軍と空軍の編制の整理は、軍事改革によって創出さ

---

x 「編制」とは軍隊において、部隊の構成や上下の指揮命令系統を定めた組織上の制度や規則のことを指す。「編成」は編制に従って置かれている部隊を作戦所要に基づいて組み合わせたり、編制を変えることにより新たに部隊を新編したりする実際の行為のことを指す。

表 27　中国の戦力配置バランス

種別			東部戦区	南部戦区	西部戦区	北部戦区	中部戦区
陸軍	集団軍（旅団）		3個集団軍	2個集団軍	2個集団軍 2個軍区	3個集団軍	3個集団軍
		装甲	6	5	4/0	7	6
		機械化	3	2	3/ 1個師団、1	5	9
		軽歩兵	5	3	5/3 個師団、2	6	3
		水陸両用	4	2			
		航空襲撃		1			1
海軍	艦隊（隻）		東海艦隊	南海艦隊		北海艦隊	
		戦略原潜		4			
		戦術潜水艦	17	18		20	
		空母				1	
		駆逐艦等	11	10		8	
		フリゲート	23	18		11	
		コルベット	19	15		9	
		警備艇	30	38		18	
		強襲揚陸艦	2	4			
		輸送艦	22	21		7	
	歩兵（旅団）		2	2		2	
	航空部隊（旅団）	爆撃機	1個連隊	1個連隊			
		戦闘攻撃機	2	2		1個連隊、1	
		作戦支援機	2個連隊（ASW/AEW）	2個連隊（ASW/AEW）		2個連隊（EW/ISR/AEW）	
		ヘリ	1個連隊	1個連隊		1個連隊	
空軍	師団		2個師団	2個師団	1個師団	1個師団	3個師団
		爆撃機	1個師団（3個連隊）	1個師団（2個連隊）			1個師団（3個連隊）
		支援機	1個師団（特殊）	1個師団（特殊）	1個師団（輸送）	1個師団（特殊）	2個師団（輸送）
	基地（旅団）		2個基地	2個基地	3個基地	2個基地	2個基地
		要撃機	5	1	5	9	7
		戦闘攻撃機	5	7	1	3	4
		攻撃機	2	1	1	2	
		防空	4	2	4	5	1個師団、6
	空挺（旅団）						6

注①『ミリタリーバランス 2020』による。助数詞等が付してない数値は、海軍艦艇が隻数であり、そのほかは旅団数を示す。②陸軍の戦力は集団軍または軍区に属するもののみであり、首都と香港警備のための戦力は含まず。なお、西部戦区陸軍には集団軍と軍区が混在しているため、「/」で分けて前に集団軍の戦力、後ろに軍区の戦力を示した。③海軍航空部隊の欄中の括弧内は保有している航空機の種類を記述しており、ASW は対潜哨戒機、AEW は早期警戒機、EW は電子戦機、ISR は情報収集・偵察機を示す。④空軍師団の支援機の欄のうち、特殊は早期警戒（AEW）、電子戦（EW）と偵察（ISR）を任務とする師団である。

れた戦区による陸海空軍部隊の統合運用を促進するものとなっている。装備面や編制面で見た場合、中国軍は着実に進化している。

❶標準化が進む部隊構成

表27は中国の各戦区における戦力配置バランスを示したものである。習近平による軍事改革後、部隊の整理・標準化が着実に進展し、各戦区には一定の規則性をもって部隊が配置されるようになった。

陸軍の機動戦闘部隊と支援戦闘部隊は旅団編制に改編され、作戦内容に応じて旅団単位で組み合わせることで作戦任務部隊を編成することを可能にしている。軍事改革以前の7大軍区制では独立した広域戦闘能力を重視した師団編制だったが、現在の5個戦区制では空軍や海軍と連携した統合部隊運用を念頭において、柔軟に戦闘部隊を組み合わせることを志向した旅団編制に変更している。海軍は、東海艦隊と南海艦隊を主力艦隊としてバランスよく戦闘艦艇を配備し、北海艦隊は、戦術原潜、空母、巡洋艦などの新鋭艦艇を運用する教導的な役割を担うようになってきている。海軍航空隊部隊も東部と南部戦区を主力にし、北部戦区は教導的な役割を担っている。空軍では、航空優勢の獲得や対地攻撃の中心戦力となる戦闘機を各戦区の2個基地に旅団編制で配備するなど、陸軍と同様に統合運用を念頭に置いたものとなっている。

❷陸軍

陸上戦力は実効支配を裏付ける戦力であり、支配力の及ぶ地理的範囲を領土と認識する中国にとって極めて重要な意義を持つ。その中心となる陸軍において、最大の部隊単位は集団軍である。中国は全土に13個の集団軍を持ち、北部、中部と東部戦区に集団軍を3個配備し、南部と西部戦区には2個を配備している。なお、新疆とチベットという特殊な地域を担任する西部戦区には、2個集団軍に加え、さらに地域軍として新疆軍区とチベット軍区を直轄部隊として置いている。改革前の7大軍区制の18個集団軍[65]と比較すると5個戦区制での規模は3分の2程度に縮小した。

集団軍における戦力の基幹となるのは機動戦闘部隊であるが、改革前は自己完結性の高い師団編制であった[xi]のを、改革後はコンパクトな旅団編制を導入し、全ての集団軍に一律6個の合成旅団（機甲、機械化または軽歩兵を組み合わせた旅団）を配置した。その後、その一部に関しては広域戦闘能力を持つ師団[66]に再び編成する動きを見せており、各集団軍の地理・地形的特性に応じて保有する兵種や戦力規模が異なるようになってきている。

戦闘部隊が継続して戦闘を行うには、弾薬等の補給が欠かせないところ、各集団軍には1

---

xi　師団の場合、機動戦闘部隊に加え、砲兵、防空部隊などの戦闘支援部隊や工兵、補給部隊などの非戦闘支援部隊も加わり、自己完結性が高まる反面、臨機応変な部隊の組み合わせが難しくなる傾向がある。

個ずつ支援旅団が配備され、支援体制も整備しつつある。後述する統合後方支援部隊の創設と相まって、陸軍部隊の長距離機動能力の向上が図られている。

❸海軍

海軍が配置されている戦区は、海洋に広く接する北部戦区、東部戦区と南部戦区の3戦区であり、それぞれ北海艦隊、東海艦隊と南海艦隊に加え、海軍航空隊が配属されている。

米国の空母打撃群に対抗するため配備が先行した攻撃型潜水艦（戦術原潜と通常動力型）については、3つの艦隊とも17隻前後とほぼ同数を保有している一方、駆逐艦等の水上戦闘艦にはばらつきがある。東シナ海または南シナ海の開けた海洋に面する東海艦隊と南海艦隊は、内海ともいえる黄海に面する北海艦隊に比較して、駆逐艦とフリゲート艦の隻数が大幅に多い。現在は北海艦隊が試験的に空母を運用しているが、今後複数増強される空母は、東海と南海艦隊において現在保有する水上戦闘艦と組み合わせて空母打撃群として編成されていくと考えられる。

また、台湾を南北に挟む位置関係にある東海・南海両艦隊にはドック型揚陸艦と輸送艦が重点的に配備されている。これは東部戦区と南部戦区において、陸軍水陸両用旅団や海軍歩兵旅団の運用のみならず、陸軍機動戦闘部隊の輸送を念頭に置いているためと考えられる。なお、海軍歩兵部隊は北部、東部と南部の3戦区に2個旅団ずつ配置している。

海軍航空隊については、艦隊が存在する戦区にそれぞれ1個師団（空軍単位では1個空軍に相当する）配備されている。東部と南部戦区の師団では標準化が進行しており、対艦巡航ミサイルを搭載する爆撃機で構成される爆撃機連隊（飛行隊相当）、対潜哨戒機等の大型固定翼機で構成される固定翼航空隊、対潜ヘリや輸送ヘリ等で構成されるヘリ連隊（飛行隊相当）がそれぞれ1個、戦闘攻撃機（マルチロール機）旅団（航空隊相当）2個が師団に配置されている。なお、1個爆撃機連隊はH－6シリーズの爆撃機を15機程度保有し、1個戦闘攻撃機旅団は40機程度のJ－11（Su－27の中国ライセンス生産機）やJH－7（国産攻撃機）を保有しており、米空母戦闘群を意識して、水上戦闘艦に対する極めて高い攻撃能力を持つ兵装を備えている。他方、固定翼の対潜哨戒機は海軍航空隊全体で18機しか現状では保有しておらず、対潜能力は低いが、2015年から中国国産の対潜哨戒機KQ－200を導入して急速に機数を増加させており、今後、能力強化が進むと見込まれる。

なお、北部戦区の海軍航空隊は、空母艦載機連隊を1個保有するという特色があるものの、爆撃機連隊はなく、また、戦闘攻撃機旅団も1個のみとなっている。海上戦力に関しては、東部と南部戦区が主力となり、北部戦区は、増強・補完や教導的な役割を果たすため、戦力配備に差があると考えられる。

コラム2　中国の空母構想

空母建造計画

試験的要素の強い中国最初の空母「遼寧」は、旧ソ連が建造したワリャーグを改造して2012年に就役し、世界の注目を集めた。2019年12月には、国産空母としては初となる「山東」が就役し（イメージ13）、南海艦隊に配属されており、2020年中には初期の運用能力を取得すると見込まれている。「山東」は「遼寧」とほぼ同型であり、電磁式カタパルトによる離艦方式を採用するとの憶測[67]もあったものの、「遼寧」と同じスキージャンプ式にとどまった。

また、3隻目となる空母（002型）は、上海江南造船所で建造されており、2020年末から2021年にかけて進水し、電磁カタパルトを装備した8万トンクラスの大型空母として2025年までに就役するとの報道がある[68]（なお、満載排水量で山東は推定7万トン、米ミニッツ級で

イメージ13　国産空母「山東」

10万トンである)。

空母計画は、２００４年8月に決定された「０４８工程（プロジェクト）」に基づき２００５年から始まったとされる。この決定時期は、胡錦濤政権下ではあるが江沢民が中央軍事委員会主席であった終盤の時期[69]であり、空母保有を決断したのは江沢民であった。

この「０４８工程」では、空母の研究開発計画は３つの段階で構成される。各段階は10年の期間を想定し、第1段階では2隻の中型空母を建造し、第2段階では2隻の大型空母を建造し、さらに第3段階で2隻の大型原子力空母に発展させる計画であった。[70]

様々な推測がなされているが、準備段階を経て、２０１０年から２０１９年まで、２０２０年から２０２９年までと２０３０年から２０３９年までをそれぞれの段階の期間だとすれば、第1段階ではワリャーグを改造した「遼寧」と国産空母「山東」の2隻の空母の就役が完了しており、現時点の第2段階では大型空母の建造が進んでいることから、「０４８工程」は計画通り進行していると見ることができる。今後、２０２９年までの第2段階でもう1隻の空母が建造され、さらに、２０３０年からの第3段階では米空母並みの原子力推進の大型空母が2隻就役すると見込まれる。プロジェクトが終了する２０３０年代末までに、空母６隻が中国海軍に配備される可能性が高い。

空母は北海艦隊、東海艦隊と南海艦隊にそれぞれ2隻ずつ配備されることとなろうが、青島と海南島に空母接岸用の大型桟橋が整備済みであることから、実動部隊としての空母群は東海艦隊と南海艦隊に先行的に配備されるものとみられる。

中国空母群の形成

中国においても空母は、米国と同様、駆逐艦などの艦艇とグループを組んで空母群を形成して運用されると考えられる。米空母打撃群は、基本的には空母にミサイル巡洋艦1隻、ミサイル駆逐艦2隻、戦術原潜(SSGNまたはSSN)1隻、補給艦1隻の6隻構成である。初の中国空母である「遼寧」は試験運用的な色彩が強く、中国においてはじめて空母群を形成して実任務に当たるのは初の国産空母である「山東」になると思われる。

空母に随伴して空母群を構成する艦艇に関し、中国の空母が米空母より小型であることを考慮して、駆逐艦(DD)×3、フリゲート(FF)×2、補給艦(AOR)×1、攻撃型原潜(SSN)×1の7隻と多めに仮定し、「048工程」完了時の空母5隻(「遼寧」は試験運用艦として算入しない)が空母群を構成するとした場合、随伴艦だけで35隻の艦艇が必要になる。具体的には、DD×15、FF×10、AOR×5、SSN×5であるが、潜水艦と水上艦ともに必要とする艦艇数を既に保有している。攻撃型原潜は新型のシャン級が6隻の配備に至っており、DDは28隻保有しているところ、新鋭のルーヤンIII級だけでも11隻保有しているほか、新型ミサイル巡洋艦（CG）のレンハイ級も就役し、後続艦を建造中である。さらに、FFは52隻、大型のAORは大型のフーチ級だけで9隻あり、加えて新型のフーユ級が2隻就役している。中国海軍は、5個以上の空母群を形成することができる艦艇を既に揃えている。

中国空母群の意義

空母群の具体的な運用方針に関しては不明な点が多い。空母が有用な場面としてシーレーン防衛が想起されるが、それ以外では海上武力紛争におけるエスカレーション管理のツールとしての使用が考えられる。但し、空母は建造・運用に莫大な費用がかかる上に乗員数も非常に多いハイバリュー・アセットであるがゆえに攻撃対象になりやすく、先進的なミサイル兵器による長距離精密打撃に脆弱であるため、実際の戦闘に投入できる場面は限定的であると考えられる。

最も可能性の高い現実的な空母群の役割は、平時において国力の象徴として中国のプレゼンスを高めることと戦闘に至らない段階における抑止効果を狙った威嚇であると考えられる。また、実際に武力紛争に至った場合においては、紛争のエスカレーションの階段の一つとして、空母からの航空戦力の投入という選択肢を中国が得られるという面において、空母の非保有国に対し優位な状況を創出することが可能である。[71]

中国は、ジブチやパキスタンなどに港湾拠点を展開しつつあるが、空母の展開拠点として有効活用できるかには疑問がある。実戦を想定した前方展開基地には司令部機能や整備機能が不可欠であるが、そのための多額の追加的投資は覇権国でない中国にとってコストに見合わない可能性が高い。また、中国が近海、特に東シナ海・南シナ海や西太平洋での作戦を念頭に置いているとすると、周辺国が潜水艦整備を進めていることもあり、空母の持つ脆弱性は作戦上大きな不利となる。

結論的には、遠征軍としてプレゼンスを示す機能を持つ米空母群とは異なり、中国空母は国力の象徴としての意義を除けば現時点で活躍する場はあまりなく、その費用対効果は小さいと言わざるを得ない。

❹空軍

中国は、２０１３年に「東シナ海防空識別区」を設定したが、近年第4世代機の整備を急ピッチで進めた結果、防空識別区を実効的に管理可能な航空戦力の配備に成功している。

空軍は、戦力の主体となる第４世代の戦闘機が約９４１機[72]と巨大な戦力を構成するに至っており、大軍区から戦区への改編に伴い、各戦区とも概ね2個の基地所属に集約し、師団編制から旅団編制に変えるなど部隊単位の整理が進展している。爆撃機等大型の特殊な機種については、師団単位での運用となっているが、各戦区に1個または2個師団[73]を置く形で標準化が進んでいる。

航空戦力は、その迅速な移動能力から作戦空域に近い基地に戦力を集中させることが可能であるが、平時における戦闘機の配備については、ロシア、韓国、日本と台湾に地理的に近い北部戦区、中部戦区と東部戦区にそれぞれ14個旅団、11個旅団と12個旅団と旅団数では手厚く配備する一方、南部戦区に9個旅団、西部戦区に7個旅団と手薄となっている。しかし、配備戦闘機の機種を見ると、北部戦区と中部戦区は旧式（第3世代）のJ‐7要撃機がそれぞれ5個旅団と多く抱えており、能力的には劣っている。機種をも考慮すると、第4世代機からなる旅団が多い東部戦区と南部戦区の能力が高くなっている。また、防空体制は周辺国の脅威を考慮して東部と北部戦区が手厚くなっているほか、首都北京を抱える中部戦区には6個旅団に加え1個師団を置いて最大級の防御態勢を敷いている。

❺まとめ

従来の人民解放軍部隊は、国共内戦の歴史的経緯から、陸軍中心の大軍区ごとに発展し、隷下にある海空軍部隊を含め大軍区相互では部隊編成や運用基準が異なっていた。しかし、習近平の軍事機構改革を契機に、陸軍偏重が是正され、海空軍部隊の近代化を達成するとともに陸海空軍部隊の標準化が大きく進展し、陸海空軍部隊の統合運用の基盤の整備が進んでいる。

最近は、標準化を踏まえた上で、それぞれの担任地域で求められる任務内容に応じる形で、配備部隊の能力に差異を設けるなど、部隊の作戦遂行能力を高める措置をとっている。

（4）中国の軍事機構改革

習近平の総書記への就任（2012年）以降、中国は実戦的な軍事組織の構築を目指して、軍事改革を行ってきた。2016年の中央軍事委員会機関の改編に引き続き、従来の陸軍中心の7つの大軍区制に代えて陸海空軍等の統合軍である5つの戦区に改編するなどして、部隊運用の形態を大きく変容させた。

これら一連の改革の目指す大きな方向性は、2015年に公表された「中国の軍事戦略」（国防白書）に記述されており、その内容として従来の防御的な「積極防御の戦略方針」から国家戦略目標の実現に向けての攻勢的な「積極防御の戦略方針」への変遷が示唆[74]されていた。

人民解放軍が現代的な部隊運用に向けて変革を継続する中、その軍事力といかに向き合い抑止するのかが米軍の緊要な課題となっており、日本の防衛にも大きな影響を及ぼしている。

❶軍事改革の一連の流れ

習近平は、２０１４年に国防・軍隊改革深化指導小組を組織した上で、２０１５年に中央軍事員会改革工作会議を経て、中央から末端に及ぶ人民解放軍の組織改編を実行した。

まず、２０１５年末、陸軍機関、ロケット軍と戦略支援部隊を創設し、翌２０１６年に中央軍事機構を改編した上で、従来の7個大軍区を5個戦区に改編し、さらに統合後方支援部隊を新編した（表28）。

❷中央軍事機構の改編

中央軍事機構は、生え抜き軍人が権限を独占していた独立組織であ

表28　軍事機構改革の流れ

2014年3月	中央軍事委員会に国防・軍隊改革深化指導小組を設置し、組長に習近平が就任
2015年11月	習近平は中央軍事委員会改革工作会議で軍改革方針を提示
12月	陸軍機関、ロケット軍と戦略支援部隊を創設
2016年1月	中央軍事機構を改編
2月	7個大軍区を5個戦区に改編
9月	統合後方支援部隊を新編

る4つの総部[75]を廃止し、中央軍事委員会に付属する機関として15の新たな部門に改編した（図14）。これは中央軍事委員会が全ての軍事政策の決定権と軍事行政権限を掌握することを意味しており、習近平が占める主席の権限は政治的・形式的なものから軍事的・実質的なものへと質的に強化され、習近平の権威を高める効果を生んでいる。

❸5個戦区制

戦区は、「東部戦区」、「南部戦区」、「西部戦区」、「北部戦区」と「中部戦区」の5つであり、中央軍事委員会に直属している。戦区には陸海空の各軍種部隊を統率する戦区軍種機関を設けている。権能の面では、戦区は、中央軍事委員会が付与する指揮権に基づく、唯一最高の統合作戦指揮機構であり、戦区の作戦任務を担当する全ての部隊に対して、統一的指揮と統制ができるとしている[76]（図15）。

図14　中央軍事委員会に付属する機関

中央軍事委員会
主席：習近平、副主席：許其亮（空軍上将）、張又侠（上将）、委員4名

部または庁（7機関）							委員会（3機関）			直轄機甲（5機関）				
弁公庁	統合参謀部	政治工作部	後勤保障部	装備発展部	訓練管理部	国防動員部	規律検査委員会	政法委員会	科学技術委員会	戦略企画弁公室	改革編制弁公室	国際軍事協力弁公室	審計（会計検査）署	機関事務管理総局

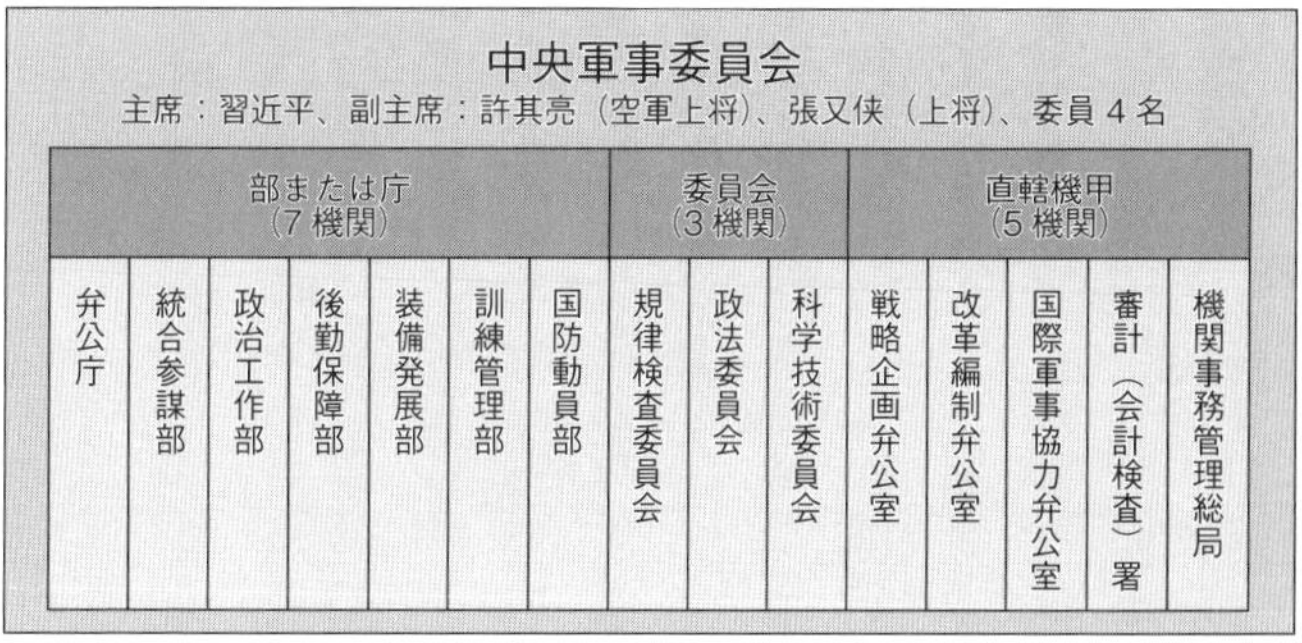

図 15　大軍区から戦区への変遷

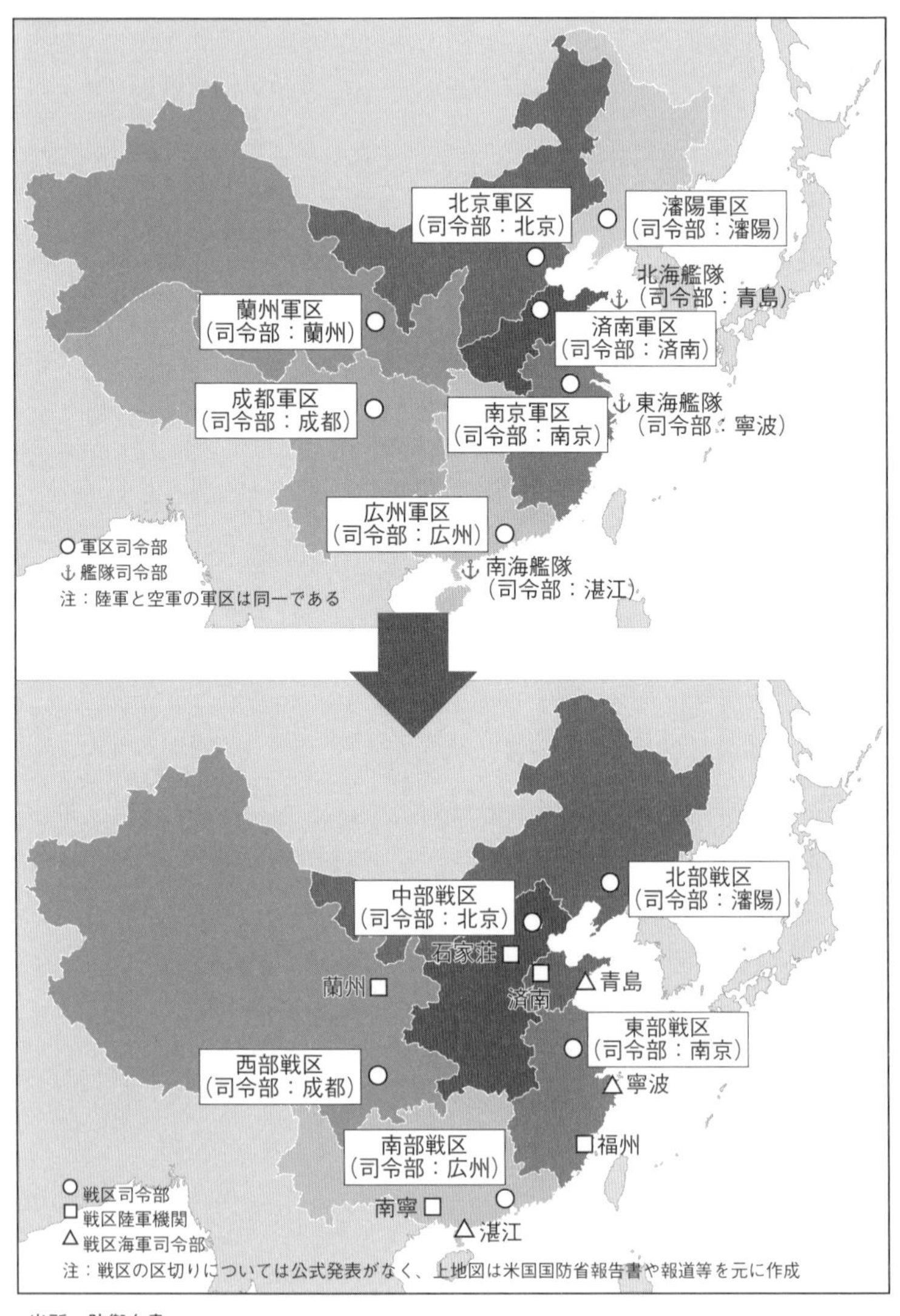

出所：防衛白書

❹中央軍事委員会直轄のその他の部隊等

　中央軍事委員会には、各軍種の行政管理を行う組織として陸海空軍の各管理機関（これらを通常、「陸軍（機関）」、「海軍（機関）」と「空軍（機関）」と呼称している）、ロケット軍、戦略支援部隊と統合後方支援部隊が直轄組織として置かれている(図16)。

　新設されたのは、陸軍機関[xii]、戦略支援部隊と統合後方支援部隊であり、ロケット軍は第2砲兵からの名称のみの変更であるが、新たに軍旗が授与されて新編扱いとなっている。

　改革後の陸軍は軍種としての陸軍のみを管理する

xii　従来の人民解放軍は全体が陸軍組織であったため、人民解放軍全体を管理する総参謀部等が陸軍の行政管理を行っていた。統合組織である戦区に改編するにあたり、全体を管理する組織と陸軍を管理する組織を分離する必要性が生じ、陸軍の行政管理を行う組織として陸軍機関が新たに設置された。海空軍については、それぞれ機関（司令部、政治部、後勤部と装備部からなる）と呼ばれる中央組織が既にあったため、司令部機能を戦区等に移した上で行政機構として残った形となっている。

図16　人民解放軍の全体像

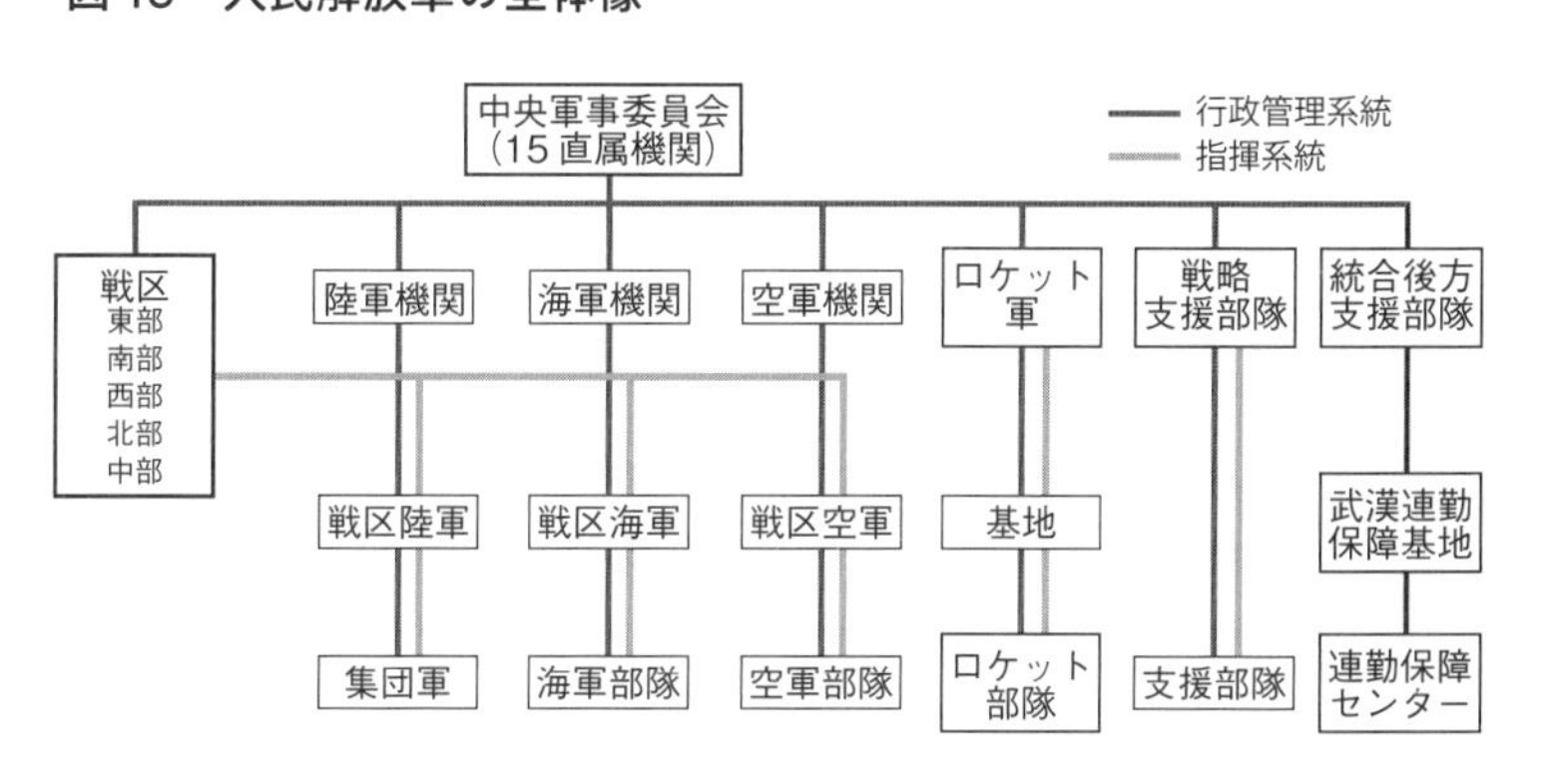

組織となったため、海軍と空軍とその地位が等しくなった。これにより陸軍を統合体系に組み込み、統合作戦という大きな枠組みの中で陸軍部隊を運用することが可能となった。従来は、人民解放軍全体が陸軍の組織・機構と言っても過言ではなく、陸軍は海軍と空軍を包摂する軍種であり、人事面でも陸軍が優位を占めていた。習近平は実際に戦闘を行い戦勝する軍隊とするため、[77]「陸を重視し海を軽視する伝統的な思考」（2015年『国防白書』）を排し、3つの軍種を対等なものにしたのである。

❺戦略支援部隊

新設された戦略支援部隊の主要な任務は、情報支援、サイバー戦、電子戦、宇宙戦であるとされる。情報化戦争下では「各軍・兵種の一体化された作戦力を運用し、情報主導で急所を精密に突く」（2015年『国防白書』）必要があるとしており、戦略支援部隊は各部門に分散していた関連する組織を集め、情報主導の役割を果たす部隊として創設された。具体的には、旧総参謀部の各種情報収集・偵察、サイバーと電子戦関係機能、旧総装備部の衛星管理機能、各大軍区や海軍・空軍・第二砲兵の各種情報収集やサイバー部門を吸収・統合して、戦略支援部隊の下に情報支援部隊、サイバー部隊、電子戦部隊、宇宙部隊などが新編されている。

❻統合後方支援部隊[78]

中央直轄の統合後方支援部隊は、補給や管理などの後方支援業務を担任し、統合作戦、統合訓練などの運用面に専念する戦区を支える、いわば、統合運用部隊に対する後方支援の専門組織である。同部隊は、武漢連勤保障基地のほか戦区に対応した5つの地区の連勤保障センター[79]で構成されており、武漢連勤保障基地は5個の連勤保障センターを統括する司令部機能を有している。

❼まとめ

一連の軍事機構改革は、習近平がヘッドである中央軍事委員会が実権を握って指導する体制を作り、戦区の統合作戦に対する指導権能を確立することに重点がある。

対米軍を念頭において、習近平が就任当初から唱えている「戦争を行う能力を有し、戦っては勝利を獲得する」能力を実現するには、統合運用を追求せざるを得ないという軍事的な判断が早い段階から習近平周辺にあり、習近平の権力基盤が固まり軍権の把握が進むなど環境が整った段階で、様々な利権が存在し癒着の温床ともなっていた大軍区を排し戦区という統合組織の新設を断行したと考えられる。

軍事的には、戦区という統合作戦機関を常設することで統合運用が効率的に進展するとともに、統合後方支援部隊という兵站組織が整備されたことにより米軍に見られるような遠征的な戦略兵站部隊の創設に道を開いたと言いうる。また、戦略支援部隊については、独立の軍種とされたことにより高度化・専門化が進展する可能性がある。

今回の軍事機構改革は合理性のあるものとなっており、中長期的には遠征能力を視野に情報化された複数の統合集団軍が出現することが予想される。

ロシア

(1) ロシアの軍事改革

2007年に国防相に就任したアナトーリー・セルジュコフは、2008年から、兵員の削減、指揮系統の整理を含む抜本的な軍改革を断行し、軍組織をスリム化する一方、即応性が高く、実際の作戦行動に耐えうる軍隊の創出を目指した。また、戦闘部隊を支える兵站や装備調達に関しても合理化を推進した。

図17は、ロシアの軍種別兵員数の推移を積み上げグラフで示したものであるが、総兵員数は、

図17 ロシアの軍種別兵員数の推移

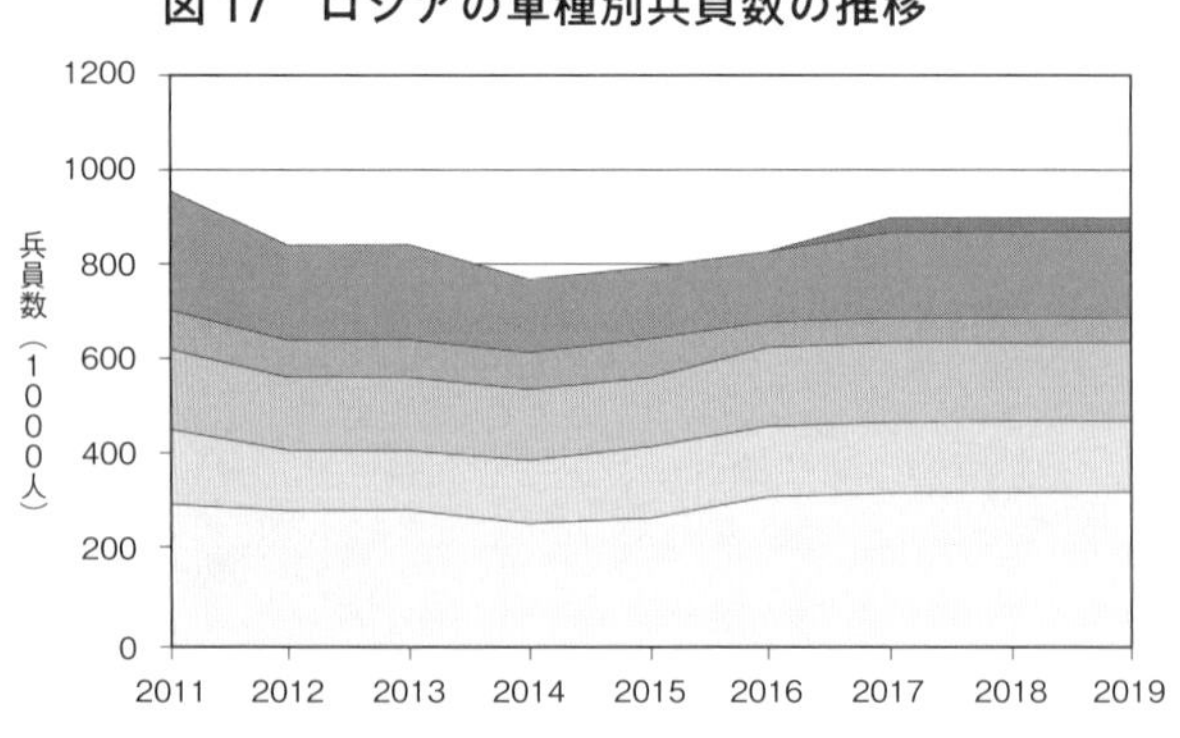

注:陸軍兵員には空挺を含む。

2013年の時点で77万人まで減少したが、2011年にセルジュコフの後任にセルゲイ・ショイグが就任し、2014年のクリミア「併合」を契機に増勢に転じ、現在の90万人に至っている。[80]但し、鉄道部隊は準軍隊からの組み入れであるので、実態的には87万人の水準となっている。

2017年以降、兵員数に変化がみられず、現在の陸軍28万人、海軍15万人、空軍16・5万人、戦略ロケット軍5万人の枠組みは固まったと見ることができる。

(2)軍事改革によりコンパクト化に成功

ロシアは、冷戦終結後の経済的困難時、肥大化した軍隊の維持に非常に苦労したが、原油などの資源の高騰による経済的恩恵の下、兵員の削減と機構改革に取り組み、装備面では新型装備が逐次導入され、軍の近代化が進展した。

軍の階層を軍管区－軍－師団－連隊の4段階の構造から軍管区－作戦コマンド－旅団の3段階へと簡素化することで、陸軍を中心に兵員の整理が進展した。表29は10年前の

表29 ロシアの兵員数の増減

	2019年	2009年	増減
総兵員数	900,000	1,027,000	△127,000
陸軍	280,000	360,000	△80,000
海軍	150,000	142,000	8,000
空軍	165,000	160,000	5,000
戦略ロケット軍	50,000	80,000	△30,000
空挺	45,000	35,000	10,000
特殊作戦	1,000	-	1,000
鉄道部隊	29,000	-	29,000
指揮・支援	180,000	250,000	△70,000

注『ミリタリーバランス2010』『2020』による。△は減少を示す。

２００９年と各軍種の兵員数を比較したものであるが、全体で約13万人削減する中、陸軍の8万人と指揮・支援の7万人の削減が目立つ一方、海軍と空軍は増員している。

また、軍管区については従来の6個から西部、南部、中央と東部の4個に改編し、それぞれに統合戦略コマンドを設置した。なお、近年、温暖化により活動領域が拡大しつつある北極圏を意識して、北洋艦隊を核に艦艇部隊、陸上部隊、航空部隊で構成された統合部隊を運用する北部統合戦略コマンドが新たに発足している。

表30はロシアの戦力配置バランスを示したものである。４つの軍管区[81]にほぼ同等の戦力をバランスよく配置しているが、担任する地域の広さという地理的要素を加味すると西部と南部軍管区にかなり重点が置かれている。西部、南部と東部軍管区がそれぞれ国境防衛を担い、これらへ部隊を提供したり、支援または移動した戦力の空白地帯を埋めたりする形で中央軍管区が関与するとみられる。

ロシアは東西に広がる国土を有しているため、東欧と接する西部、中央アジアと接する南部、中国と太平洋に面する東部と作戦方面が分散されているため、それぞれの地域における戦力を見ていく必要がある。このような事情から、ロシアの陸海空の各軍種の戦力については、軍事的対峙の現場において分析することにし、以下ではその注目すべき動きのみの記述にとどめる。

表 30　ロシアの戦力配置バランス

種別		単位	西部軍管区		中央軍管区	南部軍管区		東部軍管区
陸軍	軍団司令部	個	3		2	3		4
	機甲部隊	旅団	7		5	7		8
	機械化部隊		5		4	5		5
	対地ミサイル		3		2	2		4
	防空		3		3	4		5
			北洋艦隊	バルト艦隊		黒海艦隊	カスピ海支隊	太平洋艦隊
海軍	潜水艦（うちSSBN）	隻	25（7）	1		7		19（4）
	主要水上戦闘艦		8	7		7	2	8
	戦闘機	飛行隊	3	1		1		0.5
	対潜機		5	1		2		6
	海軍歩兵	旅団	3	2.5		2	0.5	2
	対艦ミサイル		1	0.5		2		2
			第 6 空軍		第 14 空軍	第 4 空軍		第 11 空軍
空軍	要撃機・戦闘攻撃機	飛行隊	6		4	7		6
	攻撃機		2		3	8		4
	輸送機		2		2	2		2
	攻撃ヘリ		8		3（輸送含む）	11（輸送含む）		8（輸送含む）
	防空	連隊	7		8	5		6
	空挺	旅団	7		1	3		2

注①『ミリタリーバランス 2020』による。陸軍の単位は司令部を除き旅団数。海軍の単位は、艦艇が隻数、航空機が飛行隊数、海軍歩兵と対艦ミサイルが旅団数。空軍の単位は、航空機部隊（ヘリ含む）が飛行隊数、防空が連隊数、空挺が旅団数。②陸軍の 1 個師団は 2 個旅団に換算。海軍の戦闘機部隊は、連隊が 24 機と空軍の半数の機数の運用となっているため、1 個連隊を 1 個飛行隊、1 個飛行隊を 0.5 個飛行隊に換算。1 個海兵連隊は 0.5 個海兵旅団とした。空軍戦闘機・輸送機部隊の 1 個連隊は 2 個飛行隊に換算。空軍の攻撃ヘリ等の部隊は 1 個旅団を 4 個飛行隊、1 個連隊を 2 個飛行隊に換算。防空 1 個旅団は 2 個連隊に換算。空挺 1 個師団は 2 個旅団に換算。

(3) 陸軍――ウクライナ問題を受けて旅団を師団化

ロシアが2014年にウクライナ領であったクリミア半島をロシア領に編入した結果、ロシアとウクライナの対立が先鋭化し、欧州方面において軍事的緊張が高まるという状況が生じた。ウクライナはNATOとの協力関係を強化し、中立的な緩衝国からNATO寄りの姿勢をさらに強めている。これを受けて、ロシアは西部国境付近のNATOの兵力配備を安全保障上の脅威と認識し、これまで空白地帯であったウクライナとベラルーシの国境沿いに陸軍3個師団を新たに編成した（図18参照）。また、南部軍管区のジョージア国境沿いの北オセチア共和国の旅団を改編して師団化を進めている。

図18　ロシア西部と南部軍管区の師団化

ロシアは、前述のとおり従来の師団編制から即応性の高い旅団編制への改変を進めてきたが、西部国境は平原地帯であるため、即応性や柔軟性よりも広範な区域を制圧可能な能力を重視して師団編制にしたものと見られる。師団は3個または4個の機動戦闘連隊を基幹とし、これに偵察大隊、砲兵連隊と防空連隊（大隊の場合もある）の支援部隊が加味された総合打撃力の高い構成となっている。旅団に比し約2倍以上の規模となり、有機的連携により広い面を制圧可能となっている。大雑把に言えば、1個機械化旅団は幅5キロメートルから10キロメートルの前線を維持可能な戦力であり、師団は幅15キロメートルから30キロメートルの前線を維持可能な戦力である。この3個の師団を核に近隣配備の旅団が戦線に加入し、国境を防衛する構想となっているとみられる。さらに、戦力の増強が必要な場合は、中部軍管区等から師団や旅団が移動してくることになる。

（4）打撃能力が高い小型水上艦の増強という海軍戦略

２０１４年のロシアによるクリミア「併合」後しばらくは、ロシア海軍は水上戦闘艦の活動を活発化させて軍事力を見せつける行動をとった。現在、その活動は落ち着きを見せてはいるが、２０１７年にシリア作戦において水上戦闘艦艇から対地巡航ミサイル「カリブル（Kalibr）」を発射するなど[82]、機会をとらえてその実力の誇示を続けている。

しかし、ロシアの水上艦艇の実情としては、艦齢が古いものが多く２０２０年代の退役を予定している艦艇が多く存在している一方、ウクライナの大型造船所やウクライナ企業が製造するガスタービンエンジンが利用できなくなったり、原油価格が低下する中、艦艇建造能力や財政に制約があり、駆逐艦など大型艦艇の建造計画に大きな遅れが出ている。10年前の2009年時点と比較すると、配備艦艇は巡洋艦と駆逐艦が減少している（表31）。スラバ級巡洋艦の後継となる排水量1万トン超のリデル級巡洋艦は、2019年に建造を開始し、2025年頃就役する計画であったが、計画は遅れて2023年以降の着工とみられている。

他方、中小型の水上戦闘艦艇に関しては、フリゲート艦は7隻、コルベッ

表 31　ロシア艦艇の増減

		2019	2009	増減
海軍兵員		150 千人	142 千人	8 千人
潜水艦		49 隻	66 隻	△ 17 隻
	SSBN	10	14	△ 4
	SSGN	7	7	0
	SSN	10	17	△ 7
	SSK	22	20	2
主要水上戦闘艦		33 隻	28 隻	5 隻
	空母	1	1	0
	巡洋艦	4	5	△ 1
	駆逐艦	13	14	△ 1
	フリゲート	15	8	7
警備艦艇		118 隻	104 隻	14 隻
	コルベット	50	29	21
	警備艇	26	75	△ 49

注①『ミリタリーバランス 2010』『2020』による。△は減少を示す。②潜水艦の欄中、SSBN は戦略ミサイル原潜、SSGN は巡航ミサイル原潜、SSN は攻撃型原潜、SSK は通常動力型潜水艦を示す。③ 2009 年の潜水艦 66 隻には、補助潜水艦（SSAN）8 隻が含まれる。警備艇には装備の脆弱な PB クラスは含まないが、警備艦艇数に含まれるため、コルベットと警備艇の合計数は警備艦艇数に符合しない。④『ミリタリーバランス 2020』と『2010』とではフリゲートとコルベットの区分に相違があるため、2020 年版に合わせて Parchim II をコルベットに、Steregushchiy をフリゲートに分類している。

ト艦は21隻も増加している。導入された新型艦艇には強力な対地・対空攻撃能力が付与され、近海警備のみならず海上作戦において重要な役割を果たすことが可能となっている。中小型艦艇も多数退役予定であるが、後継艦艇の着実な建造が進むとともに、新型艦艇に入れ替わることにより、ロシア海軍の総合的な能力は向上するとみられる。

表32は、現在配備が進行中のロシア艦艇の状況をまとめたものであるが、今後、新型の駆逐艦が5隻、フリゲート艦とコルベット艦は32隻配備されることになる。新しく就役するこれらの水上戦闘艦には、対地巡航ミサイル「カリブル」や対艦ミサイル「シズラー（Sizzler）」などを発射可能な垂直発射装置（ＶＬＳ）と管制システムが搭載される。カリブルはシリア作戦で実証済みの対地ミサイルとなっており、ロシアの測位衛星システムＧＬＯＮＡＳＳを用いて誘導され、終末段階ではレーダーで目標を識別する長距離精密誘導ミサイルであり、その射程は２０００キロメートル程度と推定されている。シズラーは終末時に超音速となる対艦巡

表32　配備が進行中のロシア艦艇

クラス（NATOコード）	タイプ	種別	排水量（t）	就役済	発注残隻数
Gorshkov	22350	駆逐艦	5,400	1	5
Grigorovich	11356	フリゲート	3,900	3	3
Stereguishchiy	20380	フリゲート	2,100	6	4
Gremyashchiy	20385	フリゲート	2,100	0	2
Stereguishchiy 改	20386	フリゲート	2,300	0	1
Sviyazhsk	21631（Buyan-M）	コルベット	950	7	5
—	22800（Karakurt）	コルベット	800	1	17

注　『ミリタリーバランス2020』による。排水量は満載、就役済と発注残の数値は隻数。

航ミサイルであり、これに加えてラムジェット式の超音速巡航ミサイルである「ストロビレ（Strobile）」も一部には搭載予定であるとされる。

（5）戦術核重視の動き

核兵器は、開発に核実験データが必要になることに加え、管理に細心の注意が必要などの制約がある反面、攻撃兵器として見た場合、費用対効果が通常兵器と比べてはるかに良いパフォーマンスを示す。特に、機動戦闘部隊の数量的劣勢を覆すには極めて有用な兵器となる。ロシアは極東方面では中国に対して、欧州方面ではＮＡＴＯに対して陸戦の主力となる機動戦闘部隊数が劣勢にあり、対称的な地上戦闘を行うには不利な状況にある。これを覆す兵器が、戦術核兵器であり、ロシアは陸海空軍のそれぞれが戦術核の発射母体（プラットフォーム）を運用しており、その能力は増強傾向にある。

陸上プラットフォームから発射される戦術核弾頭を装着可能なミサイルには、米国がＩＮＦ全廃条約違反と批判した対地ミサイル９Ｍ７２９（ＳＳＣ‐８）などがあり、海上プラットフォームからはフリゲートやコルベットなどの小型水上戦闘艦艇にも搭載可能な３Ｍ14Ｔ（ＳＳ‐Ｎ‐30）などがある。これらのミサイルは、２０００年代に配備が始まった比較的新しいカリブル・ミサイル系統に属するものである。また、航空プラットフォームからは核爆弾、対地核ミサイルがある。

また、ミサイルのプラットフォームに関しては、陸上配備のイスカンデル・ミサイルシステムは欧州と東アジア方面で配備が進み、海上戦力としてアドミラル・ゴルシコフ級駆逐艦が欧州に配備され、今後も増強される計画となっている。また、戦術核搭載可能な航空機も従来のTu－22M3（バックファイア）やSu－24M（フェンサー）に加え、新鋭機のSu－34（フルバック）が配備されている。

ＩＮＦ全廃条約による制約により、ロシアでは陸上配備可能な長射程のミサイルの保有は少数にとどまっていたが、同条約の失効に伴い保有数を増加させるとともに陸軍部隊への配備に動くと考えられ、ロシアの周辺国に対する核兵器の投射能力は確実に向上するとみられる。

（6）まとめ

ロシアの軍事力は、以前に比べて規模が縮小しているが、その能力は国際情勢に合わせる形で着実に進化を遂げている。陸上戦力では旅団の持つ機動性に加えて、広域制圧能力のある師団を組み合わせて実効性ある抑止力を構築している。また、海上戦力では高性能の小型戦闘艦を多数導入することにより、費用対効果の高い戦力を整えつつある。

また、ロシアは、米中に対する通常戦力の規模での劣勢を補うべく、戦術核兵器の選択肢を多く用意することにより、抑止態勢に隙のないように努めている。

第6章 軍事的対峙の現場その1――東アジア

東アジアの現場として、日本が当事者となっている東シナ海とオホーツク海を取り上げるとともに、日本の安全保障に密接に関連する台湾と朝鮮半島について紹介する。そして、この地域の安全保障を支える骨格となっている米軍の前方展開状況をまとめる。

第1節 東シナ海

東シナ海は、米軍と自衛隊が中国軍と対峙する地理空間となっている。より具体的に言えば、双方の艦艇と航空機が日常的に接近する空間である。東シナ海では海上戦力と航空戦力が大きな役割を果たすことになることから、これらの戦力を中心に軍事バランスについて考察する。

概況

表33は、東シナ海を巡る中国側と日米側の戦力を比較したものである。中国側はさらに南部戦区の戦力を投入することも可能であるが、ここでは、日米を指向する戦力として、東部戦区と北部戦区とを合わせた戦力を比較の対象としている。東シナ海においては、中国側と日米側の双方のセンサーシステムが相手側の艦艇と航空機の位置を特定することが可能であるため、遠距離からのミサイル攻撃が海上やその上空の戦闘の中心を占めることになる。ミサイルの発射母体となる戦力規模は、中国側が日米側を上回っている。東シナ海における水上戦闘艦艇による海洋の支配権を巡る作戦行動を想定した場合、中国側の対艦攻撃能力は日米側に比して極めて高く、中国側が優勢となる可能性がある。

日米側はミサイル発射母体の数量で劣勢であることに加え、対艦ミサイルの射程や速度も中国に対し優位だとは言い難い状況にある。日米側の水上戦闘艦は艦隊防衛のための対空戦闘と対潜攻撃を重視した設計思想に基づいており、対艦攻撃能力は相対的に重視してこなかった。対艦攻撃は水上戦闘艦による艦対艦よりも米空母艦載機による空対艦に力点があり、空母の東シナ海へのアクセスがA2AD戦略により制限を受ける場合、バランスは中国に傾くのである。

中国側の水上戦闘艦は、対潜攻撃よりも空母打撃群に対抗するための対艦攻撃を指向しており、開発でも対艦ミサイルを重視してきた結果、近年急速にその高性能化を実現させている。中国の対艦ミサイルの発展の速度が日米のミサイル整備の速度を上回った結果、現状は中国優位と

表 33　東シナ海を巡る戦力の比較

兵器種	軍種	種別	東部戦区	北部戦区	中国計	日米計	米軍	自衛隊
艦艇（単位：隻）	海	SSGN				4	4	
		SSN		4	4			
		SSK	17	16	33	21		21
		CV【CVH】		1	1	1【4】	1	【4】
		CG/DD	11	8	19	49	13	36
		FF	23	11	34	11		11
		FS	19	9	28			
		PC	30	18	48	6		6
航空機（単位：飛行隊）	海	爆撃機	2		2			
		FGA	2	2	4	3.5	3.5	
	空	爆撃機	6		6	0.5	0.5	
		要撃機	5	9	14	10	3	7
		FGA	5	3	8	7（10）	2（5）	5
		攻撃機	2	2	4			
陸上発射ミサイル（単位：部隊）（注）	R	対地	7.5		7.5			
		ASBM	2		2			
	陸海	対艦	26		26	5		5
	陸空	防空	28	32	60	53	5	48

注①『ミリタリーバランス 2020』による。略語は次のとおり。SSGN：巡航ミサイル原潜、SSN：攻撃型原潜、SSK：通常動力型潜水艦、CV：空母、CVH：ヘリ空母、GC/DD：巡洋艦と駆逐艦・護衛艦、FF：フリゲート艦、FS：コルベット艦、PC：警備艇、FGA：戦闘攻撃機（マルチロール機）、ASBM：対艦弾道ミサイル。②数値は、艦艇は隻数、航空機は飛行隊数、陸上発射ミサイルのうち中国ロケット軍（R）は旅団、対艦ミサイルは連隊、防空部隊は中隊の数を示す。③表中の「米軍」は日本とグアムに前方展開している戦力を記載。なお、米空軍の FGA 欄の括弧内の数値は在韓米軍戦力を加算した場合の戦力。④中国ロケット軍の対地ミサイルは、通常弾頭の旅団数の半数が配当され、ASBM は全部が配当されるとして記述。中国陸海軍の地上発射対艦ミサイルは全体の 3 分の 2 を配当。なお、中国陸軍の対艦ミサイル 1 個旅団は 2 個連隊に換算。⑤機数を考慮し、中国の爆撃機の 1 個連隊は 2 個飛行隊に、米空軍の爆撃機は 0.5 個飛行隊に換算。中国の戦闘機の 1 個旅団と 1 個連隊は 1 個飛行隊として換算。航空機の海欄の米軍 FGA には米海軍と海兵隊の FGA が含まれ、これらの飛行隊は編制が小さいので 0.5 個に換算。

なっている。なお、日米ともにミサイルの長射程化の計画があり、中国の優勢は今後薄れてくると見込まれる。

他方、センサーシステムが機能しにくい水中においては、潜水艦が作戦行動をとることになる。隻数では中国が優勢となっているが、日米中それぞれの潜水艦の戦術的な運用方法が異なるため、一概に戦力バランスは論じるのが難しい。潜水艦の運用方法として、中国は前述のとおり、対水上艦艇攻撃能力を重視しているのに対し、自衛隊は対潜水艦戦闘と対水上艦艇攻撃能力の双方を重視し、米潜水艦は魚雷を装備しているものの対艦ミサイルを装備しておらず対水上戦闘艦よりも対地攻撃能力を重視しているという違いがある。なお、対潜水艦戦闘能力に関しては、武器システムと対潜哨戒機の保有数から見た場合、現状では日米側が優勢であるが、この分野でも中国は着実に能力を進展させつつある。

また、水上戦闘艦艇の海上作戦行動を援護する航空機や陸上発射ミサイルでも中国側は優位となっており、対艦・対地攻撃能力のある戦闘機の飛行隊数や陸上発射ミサイル部隊の規模で中国側は日米側を上回っている。なお、基地防衛のための防空ミサイルに関しては、双方はほぼ同等の部隊規模となっている。

海上戦力の比較

水上戦闘艦艇を比較した場合、前掲表33で示したとおり、日米側は巡洋艦（ＣＧ）・駆逐艦

（ＤＤ）クラスの大型艦艇の隻数は多いものの、フリゲート艦（ＦＦ）、コルベット艦（ＦＳ）と警備艇（ＰＣ）クラスの中小型艦艇は中国側の隻数が多くなっている。中国の中小型艦艇は、前掲表25で示したとおり対艦ミサイルを装備し、隻数も多いため、日米の水上艦艇にとって脅威度が高い。

表34は比較的新しい駆逐艦の搭載ミサイルと魚雷を比較したものである。米国のアーレイバーク級駆逐艦は長射程の対地攻撃巡航ミサイルを有し、中国のルーヤンⅢ級駆逐艦は長射程の対艦ミサイルを装備しているのが目を引く。発射基のセル数は、艦艇の大きさを反映して米国のアーレイバーク級が96セルで、次いで中国のルーヤンⅢ級、自衛隊のあさひ型

表 34　水上戦闘艦搭載ミサイル・魚雷の比較

<table>
<tr><th>国</th><th>艦名（排水量）</th><th>種別</th><th>ミサイル</th><th>射程</th><th>基数</th></tr>
<tr><td rowspan="4">日</td><td rowspan="4">あさひ（6800t）</td><td>対艦</td><td>90 式 SSM</td><td>150km</td><td>8</td></tr>
<tr><td>対空</td><td>RIM-162B ESSM</td><td>55km</td><td rowspan="2">32</td></tr>
<tr><td rowspan="2">対潜</td><td>07 式魚雷投射ロケット</td><td>—</td></tr>
<tr><td>12 式短魚雷</td><td>—</td><td>6</td></tr>
<tr><td rowspan="5">米</td><td rowspan="5">アーレイバーク級
Flight IIA（9880t）</td><td>対潜</td><td>ASROC 魚雷投射ロケット</td><td>16 km</td><td rowspan="4">96</td></tr>
<tr><td rowspan="2">対空</td><td>SM-2ER</td><td>160km</td></tr>
<tr><td>SM-6</td><td>370km</td></tr>
<tr><td>対地</td><td>LACM Tomahawk</td><td>1,610km</td></tr>
<tr><td>対潜</td><td>MK-54 魚雷</td><td>5-10km</td><td>6</td></tr>
<tr><td rowspan="8">中</td><td rowspan="4">ルーヤンIII級
052D 型（7500t）</td><td>対艦</td><td>YJ-18</td><td>540km</td><td rowspan="3">64</td></tr>
<tr><td>対空</td><td>HHQ-9B</td><td>150km 以上</td></tr>
<tr><td rowspan="2">対潜</td><td>Yu-8 魚雷投射ロケット</td><td>—</td></tr>
<tr><td>Yu-7　魚雷</td><td>—</td><td>6</td></tr>
<tr><td rowspan="4">（参考）
レンハイ級 055 型（CG）（12000 t）</td><td>対艦</td><td>YJ-18</td><td>540km</td><td rowspan="3">112</td></tr>
<tr><td>対空</td><td>HHQ-9B</td><td>150km 以上</td></tr>
<tr><td rowspan="2">対潜</td><td>Yu-8 魚雷投射ロケット</td><td>—</td></tr>
<tr><td>Yu-7　魚雷</td><td>—</td><td>6</td></tr>
</table>

注　搭載ミサイル・魚雷の種類は『ミリタリーバランス 2020』により、射程等は『HIS ジェーンズ』による。排水量は満載。なお、米海軍のアーレイバーク級 Fight IIA は対艦ミサイルを搭載していないが、Fight I/II では RGM-84D ハプーン（射程 120 キロメートル）を 8 基搭載している。

となっている。日本と中国が装備する魚雷投射ロケットや魚雷の性能諸元は公開されていないが、水上戦闘艦艇が搭載する魚雷は比較的近距離の水中に潜む潜水艦を攻撃する兵器であり、その性能は米国のものが参考となる。対潜兵器の搭載状況は日米中とも似通ったものとなっている。

以上の搭載兵器を前提にした場合、駆逐艦同士の戦闘においては、中国の駆逐艦の対艦ミサイルは射程500キロメートルであるのに対し、日米側はそれぞれ150キロメートルと120キロメートルであるので、中国側は、日米の駆逐艦の射程外からの一方的な攻撃（アウトレンジ攻撃）が可能となっている。さらに、中国側が航空機を投入し攻撃する場合も、中国側の航空機搭載の対艦ミサイルの射程が500キロメートルであるのに対し（表25参照）、日米側は米アーレイバーク級駆逐艦の長射程対空ミサイルでも射程370キロメートルであり、中国側の発射母体である航空機に届かず、中国側のアウトレンジ攻撃を許す状況となっている。

長射程の対艦攻撃を行う場合には命中精度が問題となるが、東シナ海という中国沿岸から近い海域においては、中国側は航空機、ドローン、小型艦艇、OTHレーダーなどのセンサーにより攻撃目標を捕捉した上での精密誘導が可能と推察される。

このような状況に対応するには、日米側は航空機や潜水艦など水上戦闘艦以外の戦力を投入して対応することが必要となる。航空戦力の投入を考えた場合、中国の対空ミサイル脅威下で戦力を発揮しなければならないため、電磁波領域での日米側の優位性がより重要となる。

表35は、東シナ海での作戦を念頭に日米の対艦・対地ミサイル戦力を一覧にしたものである

が、前出の中国の対地と対艦ミサイル戦力（表24と表25）と比べると、日米側のミサイルの射程が十分とは言えない状況になっている。自衛隊のミサイルの射程は2000年前後の時期から大きな変化はない。米軍はミサイルの長射程化を推進しているが、対艦では長射程のものは未だなく、対地でようやく航空機発射の長距離巡航ミサイル（JASSM）の導入が始まったところである。

米軍戦力においては、水上戦闘艦、潜水艦と航空機による長射程の対地攻撃が強みであるが、中国側は、その米軍の強みを発揮させないようにするため、水上戦闘艦に対しては陸上発射の対艦弾道ミサイル、航空機に対しては航空基地に対する対地ミサイルを配備するなど、対抗手段を用意している。米側の強みである対地アウトレンジ攻撃の手段としては、唯一、潜水艦発射の対地巡航ミサイルが残されている状況である。

表 35　日米の対艦・対地ミサイル戦力

所属	母体	種別	ミサイル名称	射程
自衛隊	艦艇	対艦	SSM - 1B	150 km
			RGM - 84C Block IB	90 km
	地上		Type 88（SSM - 1）	180 km
	航空機		ASM - 2B（Type 96）	150 km
米海軍	艦艇	対艦	RGM - 84	120 km
		対地巡航	Tomahawk/RGM/UGM - 109	1,120-1,610 km
	航空機	対艦	AGM - 84D Block 1C	120 km
			Penguin Mk 3（AGM - 119A）	55 km
		対地巡航	AGM - 84H/K SLAM - ER	280 km
米空軍	航空機	対地	AGM-130A	45 km
			AGM - 65 Maverick	20 km
		対地巡航	AGM - 158A JASSM	370 km
			AGM - 158B JASSM - ER	920 km

注：搭載ミサイルの種類は『ミリタリーバランス 2020』により、射程は『HIS ジェーンズ』による。

航空戦力の比較

航空戦力の比較は、対艦攻撃、対地攻撃と対戦闘機戦闘の3つの機能に分けることにより理解が容易になる。東部戦区と北部戦区の中国側戦力は爆撃機（BBR）8個飛行隊と戦闘機30個飛行隊相当である一方、日米側戦力は爆撃機0・5個飛行隊[83]と戦闘機20・5個（在韓米軍を加えると23・5個）飛行隊相当であり、全体の戦力規模では中国側が優勢となっている（表33参照）。これら飛行隊のうち、中国海軍所属のマルチロール機（FGA）は対艦攻撃と対戦闘機戦闘の機能を持ち、米海軍FGAは対地と対艦に加え対戦闘機戦闘の機能を持つところ、これらの要素を抽出して整理したのが表36である。対艦、対地、対戦闘機のいずれの機能においても日米側の規模は小さく、特に対地攻撃は中国との差が大きくなっている。

まず、対艦攻撃機能について、日米の対艦攻撃8・5個飛行隊のうち、3・5個飛行隊[84]が空母艦載機のFGA飛行隊であり、5個が空自のFGA飛行隊[85]となっており、日本側の果たす役割が大きい。対艦ミサイルの射程は米海軍が120キロメートル、空自が150キロメートルであるところ、中国の駆逐艦の対空ミサイルの射程は150キロメートルを超えてきており、日米が行う対艦攻撃には迎撃されるリスクが伴う。他方、中国側は、爆撃機2個飛行隊とFGA1個飛行隊が射

表36　攻撃機能別の飛行隊規模

種別	中国	日米
対艦攻撃	BBR × 2, FGA × 12	FGA × 8.5
対地攻撃	BBR × 6, FGA 等× 16	BBR × 0.5 FGA × 5.5（8.5）
対戦闘機戦闘	26	20.5（23.5）

注①『ミリタリーバランス 2020』による。数値は飛行隊の個数。②日米欄の括弧内の数値は在韓米軍戦力を加算した場合の戦力。③マルチロール機（FGA）は有する機能に応じて重複的に数えている。

程500キロメートルの対艦ミサイルを装備可能であり、米駆逐艦のSM－6対空ミサイルの370キロメートルの射程外からの攻撃が可能となっている。また、残る11個の戦闘機飛行隊のうち6個は射程180キロメートルの対艦ミサイルを装備し、海自イージス艦等が装備するSM－2ER対空ミサイルの射程170キロメートルの外側からのアウトレンジ攻撃が可能となっている。[86]

対地攻撃機能については、中国側が優勢である。空自マルチロール機（FGA）は対地ミサイルを有していないので[87]、対地攻撃は米軍戦力に依存することとなるが、中国側は爆撃機6個飛行隊とFGA・攻撃機16個飛行隊を有するのに対し、米側はその半数以下の爆撃機0・5個飛行隊とFGA5・5個飛行隊であり、中国側の規模の方がかなり大きくなっている。対地攻撃の障害となる地上配備の防空ミサイルであるが、表37で示したとおり双方の防空ミサイルの射程は150キロメートル前後であり、性能差はほとんどない。他方、攻撃するためのミサイル性能では、米側の対地ミサイル射程は50キロメートル未満であるのに対し、中国は300キロメートルの長射程の対地ミサイルを有し、防空ミサイルの射程外からの攻撃が可能となっている。米側は射程300キロメートルを超える対地巡航ミサイルによるアウトレンジ攻撃が可能であるが、巡航ミサイルは通常のミサイルに比し高価であることに鑑みると[xiii]、中国側は数量的に勝

---

xiii　巡航ミサイルはターボジェットなどのエンジンを搭載するが、通常のミサイルは固体燃料を燃焼するロケットモーターで推進するため製造コストを低く抑えることが可能である。

る攻撃が可能となっている。
最後に対戦闘機戦闘機能についてであるが、中国側の26個飛行隊規模に対し、日米側は在韓米軍を含めて23・5個飛行隊であり、中国側は2・5個飛行隊、機数にすれば50機程度勝っているが[88]大きな差ではなく、戦闘機の性能等を考えれば均衡に近い状態にあると考えられる。

エスカレーションの推移

中国側優位の現状であるが、武力紛争においては必ずしも総戦力をもって戦闘するわけではなく、事態推移に応じて比例的な軍事的対応が求められる。そこで、事態のエスカレーションに応じてどのような戦力が投入可能になるのかという観点から戦力バランスを考える必要がある。武力衝突時のエスカレーションには、作戦行動の地理的拡大と投入戦力の質的・量的拡大の2つの側面があるが、ここでは作戦行動の地理的拡大を基準にして投入戦力の推移を整理し、具体的に考察する。

表 37 対空・防空ミサイル比較

国別	種別	ミサイル名	射程	搭載艦等
日米	艦艇	SM - 2MR Block IIIB	170 km	DD
		RIM - 7M/P	40 km	DD,FF
		RIM - 162 ESSM	55km	DD
	地上	PAC-2 GEM	160 km	ペトリオット
米	艦艇	SM - 6	370 km	DD
中国	艦艇	HHQ-9	150km	DD
		HHQ-9ER	150km ~	DD
		S-300FM	75 km	DD
		HHQ-7	12 km	FF
		HHQ - 16	40km	FF
	地上	48N6	150km	S-300,S-400

注:搭載ミサイルの種類は『ミリタリーバランス 2020』により、射程は『HIS ジェーンズ』による。なお、搭載艦等欄の DD は駆逐艦・護衛艦、FF はフリゲート艦。

表38は、上段から下段に向かうほど作戦区域が海上（海中を含む）からその上空へと立体的に拡大し、さらに陸上へと水平的に地理範囲が拡大する形でエスカレーションの階段（ラダー）を設定している。この作戦区域は、攻撃の起点（策源地）の追加が契機となって攻撃の目的地（戦闘区域）が拡大することから、策源地と戦闘区域は相互に原因と結果のセットになってエスカレーションが進展することになる。

中国は、エスカレーションの各階段において投入可能戦力を有しているのに対し、日米側は一部の階段において投入可能戦力に欠けている。作戦区域が海上のみの場合であっても中国側は空母艦載機による対艦攻撃が可能であるため（レベル2）、エスカレーションの階段を埋めるには自衛隊は米海軍との連携が必要となる。また、中国側が陸上発射ミサイルで海上に展開する水上戦闘艦とその上空の航空機を攻撃してきた場合、これに相応する日米側の戦力が実質上ないため（レベル3・4）、中国側の攻撃に対抗するにはエスカレーションを進めて米軍の艦載機または艦艇からの対地攻撃に頼らざるを得ない（レベル5）。その次の階段は、陸上の航空基地を起点とする航空機戦力の投入となるが（レベル6）、双方が作戦区域を海上とその上空に限定しても作戦目的が達成されない場合は、策源地である航空基地等への攻撃へと地理的範囲が大幅に拡大する可能性がある（レベル7）。

なお、自衛隊のみの戦力で対応する場合、投入可能戦力の種類（戦力規模や能力ではない）が均衡するのは、戦力投射の起点と作戦区域ともに海上の階段（レベル1）であり、その次は航空

表38　東シナ海における紛争エスカレーション

<table>
<tr><th colspan="3">作戦区域の地理空間的範囲</th><th rowspan="2">レベル</th><th colspan="3">投入可能戦力</th></tr>
<tr><th>攻撃の起点（策源地）</th><th colspan="2">戦闘区域（攻撃の目的地）</th><th>中国側</th><th>日本側</th><th>米軍</th></tr>
<tr><td>海上</td><td colspan="2" rowspan="2">海上</td><td>1</td><td>DD/FF/FS（AShM/LWT），SSN/SS（AShM/HWT）</td><td>CG/DD/FF（AShM/LWT），SS（AShM/HWT）</td><td>CG/DD（AShM/LWT），SSGN/SSN（HWT）</td></tr>
<tr><td rowspan="2">+海上上空</td><td rowspan="2">2</td><td>CV（FGA（AShM））</td><td>—</td><td>CV/LDH（FGA（AShM））</td></tr>
<tr><td rowspan="3">+海上上空</td><td></td><td>CV（FGA（AAM）），DD（SAM）</td><td>DD（SAM）</td><td>CV/ LDH（FGA（AAM）），DD（SAM）</td></tr>
<tr><td rowspan="3">+陸上（陸上発射ミサイル）</td><td>対海上</td><td>3</td><td>AShM, ASBM</td><td>AShM</td><td>—</td></tr>
<tr><td>対海上上空</td><td>4</td><td>ASM</td><td>—</td><td>—</td></tr>
<tr><td rowspan="4">+陸上（策源地：陸上発射ミサイル）</td><td></td><td>5</td><td>CV（FGA（ASM）），MRBM, IRBM, GLCM</td><td>—</td><td>CV/LDH（FGA（ASM/LACM））, DD/SSGN（LACM）</td></tr>
<tr><td rowspan="4">+陸上（航空機戦力）</td><td>対海上</td><td rowspan="2">6</td><td>BBR/FGA/ATK（AShM）</td><td>FGA（AShM）</td><td>FGA（AShM）</td></tr>
<tr><td>対海上上空</td><td>FTR/FGA（AAM）</td><td>FTR/FGA（AAM）</td><td>FTR/FGA（AAM）</td></tr>
<tr><td>ミサイル策源地</td><td rowspan="2">7</td><td rowspan="2">BBR/FGA/ATK（ALCM/ASM）</td><td rowspan="2">—</td><td rowspan="2">BBR/FGA（ASM/ALCM）</td></tr>
<tr><td colspan="2">+陸上（策源地：防空基地・航空基地）</td></tr>
</table>

注①投入可能戦力は、エスカレーションのレベルの進展に伴って、追加的に投入が可能となる戦力を示す。したがって、レベルが上がると、投入可能戦力の種類は累積的に増加する。②括弧は発射母体の包含関係を示している。例えば、「CV（FGA（AShM））」は空母（CV）から発進した戦闘攻撃機（FGA）による対艦ミサイル（AShM）攻撃を示し、「DD/SSN（LACM）」は駆逐艦（DD）または巡航ミサイル原潜（SSGN）による対地巡航ミサイル（LACM）攻撃を示している。③略語は以下の通り。艦船関係 -CV：空母、LDH：強襲揚陸艦、DD：駆逐艦・護衛艦、FF：フリゲート艦、FS：コルベット艦、SS：通常動力型潜水艦、SSGN：巡航ミサイル原潜。航空機関係 -BBR：爆撃機、FTR：要撃機、FGA：戦闘攻撃機（マルチロール機）、ATK：攻撃機。ミサイル等関係 -AShM：対艦ミサイル、LWT：短魚雷、HWT：長魚雷、AAM：空対空ミサイル、SAM：艦対空ミサイルまたは地対空ミサイル、ASBM：対艦弾道ミサイル、MRBM：準中距離弾道ミサイル、IRBM：中距離弾道ミサイル、GLCM：地上発射対地巡航ミサイル、LACM：対地巡航ミサイル、ALCM：航空機発射対地巡航ミサイル、ASM：空対地ミサイル。なお、区切りとして「,」はかつ／または（AND/OR）の関係を示し、発射母体の包含関係で括弧の内容が双方にかかる場合は「/」でかつ／またはの関係を示している。

基地を起点とする航空機戦力の投入の階段（レベル6）に飛んでしまうので、[xiv] エスカレーションが一気に進んでしまうおそれがある。

エスカレーションごとの戦力バランス

（1）自衛隊のみで対処の場合

海上において海自艦艇と中国海軍艦艇とが作戦行動をとる場合（レベル1）、中国側は、対艦ミサイルを搭載する艦艇数が多く、かつ、射程が長くアウトレンジ攻撃が可能であることから、海自側に比し有利な戦力状況となっている。また、中国側が空母艦載機を投入して艦艇攻撃を行う場合（レベル2）、海自側は対空防御を行うのみであり、射程外からの攻撃に対する対応手段は限定的である。攻撃手段が地上発射型ミサイルに拡大した場合（レベル3）、中国側は長射程の対艦ミサイルを保有しているが、自衛隊には長射程のものはないため、作戦海域によっては中国側から一方的に攻撃を受けることとなる。

さらに、攻撃の目的地が陸上発射ミサイルの発射場所（策源地）に拡大した場合（レベル5）、中国側は対地ミサイルによる攻撃手段を有しているが、自衛隊側は相応する攻撃手段を保有していない。海上作戦において陸上配備の戦闘機等が投入されるようになった場合（レベル6）

xiv　表37のレベル3で地上発射対艦ミサイルでも均衡するように見えるが、陸自のASｈMは射程が中国側に比し短く、東シナ海の中央付近では戦力にならないため、均衡しない。

は、中国側の航空戦力の規模が自衛隊側を大きく上回る上に、対艦ミサイルの射程でも中国側の方が優位である。さらに、対地攻撃のエスカレーションが進むと(レベル7)、中国側は航空機と弾道ミサイル等により自衛隊の航空基地等に対し攻撃可能であるのに対し、自衛隊側は相応する攻撃手段を有していないため、攻撃を抑止することは難しくなる。

(2) 米軍と共同対処の場合

海上において双方の艦艇が作戦行動をとる場合(レベル1)、日米側の投入可能艦艇数は増加するものの、対艦ミサイルを搭載する艦艇数と対艦ミサイルの射程で中国側が有利な状況に変わりはない。空母艦載機を投入して対艦攻撃を行う場合(レベル2)では、米軍側が数多くの空母艦載機を対艦攻撃手段に用いることができるが、中国側艦艇の対空ミサイルの射程内に侵入する必要があるため、攻撃にはリスクが伴う。また、中国側の空母艦載機も米艦艇の射程圏内に入らないと対艦攻撃できなくなる。このエスカレーションの階段では、投入可能な艦載機の数で日米側が中国側よりも有利である。

中国側が攻撃手段として地上発射型ミサイルに拡大した場合(レベル3)、空母等が中国ミサイルの目標となるため、ミサイル射程圏内、特に多数のセンサーがある東シナ海と南西諸島周辺の西太平洋海域では、日米側は作戦行動が制限され、その優位性が覆されることになる。このレベルでは、日米側には相応する地上からのミサイル攻撃の手段がないため、手をこまねくこととなる。対応しては、エスカレーションを進めてミサイルの策源地を攻撃することとなるが（レベル5）、リスクの少ない手段として米潜水艦から対地巡航ミサイルを用いる方法があるものの、地上移動型ランチャーを実際に捕捉し無力化することは極めて難しい作戦となる。

海上作戦において陸上配備の戦闘機等が投入される場合（レベル6）は、対戦闘機戦闘で双方の戦力差が小さく、中国側が航空優勢を常時維持することは難しくなるため、中国側の航空機を用いたアウトレンジからの対艦攻撃は制限されることとなる。しかし、多数の航空機を一斉に作戦に投入することにより、一時的に航空機からの対艦攻撃を可能とすることができる以上、中国側が有利と見ることもできる。さらに、中国側が航空優勢を獲得するため日米側の航空基地等も攻撃対象とすると、エスカレーションの階段がさらに進むことになる（レベル7）。

中国側は航空機発射ミサイルと弾道ミサイル等により日米側の航空基地等に対し攻撃可能であるが、日米側の対抗手段としては、レベル5と同様の米潜水艦からの対地攻撃に加え、米空軍機からの巡航ミサイルによる対地攻撃があるものの、投入火力は中国側に比し数量的に限定的である。

まとめ

中国は、日米の海上・航空戦力に対してアウトレンジから攻撃が行えるようミサイル戦力の構築に努めている。このミサイル戦力は、単に弾道ミサイルだけでなく、対艦ミサイルと対地ミサイルを含めて総合的に配備を進めており、その発射母体として車両、艦艇と航空機に多様性を持たせるとともに、ミサイルの種類と数量も急拡大している。このような中国のミサイル戦力に対しては、将来的にどのように対処していくかは日米の大きな課題となっている。なお、日本単独ではエスカレーションのどの段階においても対応が困難となりつつあり、戦力的には日米同盟に基づく対応が不可欠となっている。

第2節　台湾

海峡両岸、すなわち大陸と台湾の軍事バランスは、世界第2位の経済力に支えられた軍事建設により大陸側に大きく傾き、経済成長に連動して増加する国防費により、両岸の軍事力の格差は今後ますます拡大すると予測される。大陸側が武力統一を放棄せず、かつ、台湾単独では大陸側の軍事力への対抗は困難な環境下において、台湾にとって米国との協力関係は安全保障の要となっている。本節では、中国と台湾の戦力バランスについて、米国の関与を加味しつつ考察する。[xv]

xv　海峡両岸関係においては、一つの中国の原則の下、「大陸」と「台湾」と表現されることが多いが、本書においては地理的大陸との混同を避けるため、「中国」と「台湾」と表記する。

コラム3 注意を要する「海洋国土」

中国は、領海を越える海洋についても領土的な性質を有する空間と捉える傾向があり、国際法や国際慣習で認められる範囲を超えて、管轄権を主張することが多い。これは、力が及ぶ範囲には支配権が及ぶとする考え方に基づいていると考えられる。

古くは1980年代において、「戦略的辺境」という考え方が提唱されており[90]、これが現在の地理空間認識の根底に横たわっているように思われる。「戦略的辺境」という概念は、領土（領海・領空を含む）という地理的限界を超えて、「国家の軍事力が実際に支配している国家利益と関係のある地理空間的範囲の限界」を指し、その辺境の内部空間が国家の「生存空間」であるとしている。そして、戦略的辺境は、総合国力の強弱により伸縮し、その境界が地理的限界より後退すれば領土を失い、逆に地理的境界を外側に越えて戦略的辺境を長期間有効に支配すれば領土を得るという考え方である。この戦略的辺境には、排他的経済水域、海洋大陸棚、海洋の深海底、大気圏外の宇宙空間まで含まれている。

この戦略的辺境の考え方を海洋にあてはめた場合、中国軍の支配の及ぶ範囲がいわば「海洋国土」となる。中国は、海軍戦略として「近海防御」と「遠海防衛」の2つの概念を提示しているが、「近海防御」能力の向上により生じた海洋国土を防衛するため、海洋国土の外縁に広がる海洋において「遠海防衛」作戦を行うという概念関係に立つ。

そして、近年の論文[91]では、従来の「制海権」に地政学的考え方を導入し、東シナ海や南シナ海などの中国本土に面する海域を「臨海」として、これらの海域を支配する「制臨海権」という概念を提示している。その上で、中国のミサイル戦力による「制臨海権」の成立により、近海では米国の軍事力の優位性が失われ、中国と米国で勢力均衡点が必然的に調整されるとする見解が示されている。すなわち、空母や前方展開基地を基盤として攻勢戦略をとる米軍の優位性は、海上移動の安全性の確保があってはじめて戦力発揮できるのであるから、中国が支配する海洋国土では、米軍の戦略は通用しないとする。そして、中国本土を起点とする火力は臨海全域を覆域としており、将来的には、中国の陸海の総合的な戦力優勢により、米軍のシーパワー戦略（前方展開戦略）は効力を失うとしている。

中国側から見た際、A2AD戦略は中国の「生存空間」である「海洋国土」を拡大する効果を生み、中国が管轄権を主張する海域は、ミサイル戦力の充実・強化に伴う形でさらに外縁へと広がっていくのである。

台湾島を取り巻く環境

(1) 地理的環境

台湾島は中国の東方に位置しており、北は東シナ海、南は南シナ海、東には西太平洋に面している。日本の与那国島から約100キロメートル、フィリピンまで約300キロメートルの距離にある。台湾島の西側は台湾海峡で、その長さは約200海里(370キロメートル)、幅約70～221海里(130～410キロメートル)、平均幅は約108海里(200キロメートル)である。

全島面積は3・6万平方キロメートルで、山地や丘陵地が全面積の3分の2を占め、平坦な地勢の大部分は西部に集中する地形となっており、都市の多くが大陸に向いた西岸にある。

(2) 中国にとっての台湾の位置づけ

中国にとって台湾の統一は、中国共産党の正統性に直結する国内政治的に極めて重要な意義があるが、地政学的に見ても高い重要性を持っている。その重要性は次の3つに整理される[92](図19)。第1は、「台湾は中国海上防衛の鍵」である。台湾島を中心に海南島と舟山群島を南北の要所とした場合、天然の「品」の字型の海上防衛ラインを形成することが可能となり、中国東南部沿海の6省市を防衛するための戦略的縦深性を与える。また、台湾は経済的に重要な上海や杭州などの都市のある長江デルタと広州、深圳、香港などがある珠江デルタ地域の中間の好位置にあり、同地域の防衛に重要な役割を果たしうる。

第2は、「台湾は中国が太平洋に向かう門戸」である。中国大陸は、西太平洋にある第1列島線により太平洋と離隔している。両岸統一が実現すれば、中国海域の半封鎖状態が破られ、台湾は大陸と距離的に最も近い上に太平洋と接していることから、中国が大洋に向かう門戸となる。

第3は、「台湾海峡は中国の南北海運の重要航路」である。台湾海峡は、東シナ海と南シナ海を連絡する最も早い経路であり、中国国内において沿海海上交通の要路となっていると同時に、西太平洋地域の重要な国際航路でもある。また、台湾島は東アジアと西太平洋の中央の位置を占め、重要な運輸ハブとして海運と航空運輸の中心を形成する要衝である。

図19　中国にとっての台湾の位置づけ

地政学的重要性のうち、第2と第3をさらに軍事的に翻訳すると次のようになる。

第2の「台湾は中国が太平洋に向かう門戸」は、「不沈空母」としての位置づけになる。すなわち、台湾統一により第1列島線海域を中国のコントロール下に置くことが可能となるのみならず、中国海軍は太平洋へのアクセスを確実にして周辺国家に対する大きなレバレッジを持つに至る。

第3の「台湾海峡は中国の南北海運の重要航路」は、「外国軍隊による中国海運の封鎖」への危惧となる。曰く、外国軍隊[93]が台湾を用いて中国の貿易ラインを封鎖する可能性があるため、台湾を物理的なコントロール下に置くことは必須であり、戦略的なシーレーンを確保することは、軍事的のみならず国家戦略上の必要性が生じる。併せて「日本に対する海上封鎖」能力の確保にもなる。すなわち、台湾海峡は欧州・中東と日本とを結ぶシーレーンとなっていることから、台湾は日本の封じ込めのための非常に有用な拠点となる。

戦力比較

戦力は、中国側が圧倒的に優位となっている。表39は台湾と中国の戦力全体を比較したものであるが、総兵員数で台湾は中国の10分の1にも満たず、双方を単純に比較しても意味をなさない。ここでは、台湾の戦力を中国と見比べながら、中国の着上陸侵攻を念頭に置き、台湾の対抗戦力の状況に簡単に触れる。

（1）陸上戦力

台湾は、最前線で中国部隊と対峙する機甲部隊（戦車主体）と機械化部隊（歩兵戦闘車主体）がそれぞれ4個と3個旅団の合計7個旅団しかなく、同54個を擁する中国との戦力差は歴然としている。しかし、台湾側は、海峡を渡り上陸してきた中国側の部隊に対応すれば足りるため、これらの7個旅団を台湾島西側の上陸予想地域に重点的に配備している。特に、政経の中枢機能を有する台北市付近は最も上陸が予想される地域であるため、手厚く部隊を配備し、守りを

表 39　中国・台湾の戦力の全体像

区分		台湾	中国
総兵員（千人）		163	2,035
陸上戦力	兵員	88	975
	管区	8	5
	集団軍	3	13
	機甲	4	29
	機械化	3	25
	軽歩兵	6	30
	空中機動歩兵 空挺（空）		2 6（空）
	水陸両用 海兵（海）	3（海）	6 6（海）
	対地ミサイル	12（空）	189 （R 軍）
	攻撃ヘリ	96	270
海上戦力	戦術潜水艦	4	54
	水上戦闘艦	26	82
	掃海艦艇	9	54
航空戦力	要撃機	285	783
	FGA	127	933
	うち第 4 世代機	325	1,080
	電子戦機	1	14
	防空ミサイル	202	882

注①『ミリタリーバランス 2020』による。兵員は1000 人、管区と集団軍は個数、機甲、機械化、軽歩兵と水陸両用・海兵は旅団数、その他の戦力は隻数、機数または基数を単位としている。②陸上戦力欄のうち付記のないものは陸軍の部隊。中国の対地ミサイルに関してはロケット軍（R 軍）の SRBM 部隊のみを記載。また、中国の航空戦力欄の数値は空軍と海軍を合算したもの。

固めている。

また、台湾は、予想外の着上陸にも対応しうるよう、比較的大きな攻撃ヘリ部隊を保有しているほか、中国側が選択した着上陸地点に機動的に展開し打撃を行う海兵隊3個旅団を配備している。中国のミサイル攻撃に対しては、大陸を射程にとらえる2個地対地ミサイル大隊（空軍）を配備し、報復打撃が可能となっている。

（2）海上戦力

海上戦力では、台湾側は水上戦闘艦艇をフリゲート主体に26隻保有し、一定の近海防衛能力を維持しているが、潜水艦は4隻[94]と極めて脆弱である。中国の対艦攻撃能力を考慮すると、水上戦闘艦は有効な戦力とならないため、隠密性のある潜水艦戦力の増強が急務となっている。

なお、着上陸阻止のための機雷敷設と中国側の敷設した機雷除去は台湾海軍の重要な任務であるところ、台湾側は掃海・機雷敷設艦艇を9隻と比較的多く保有している。

（3）航空戦力

航空戦力に関しては、戦闘機は全体数と第4世代機数の双方で、台湾は中国側に対して圧倒的に不利であり、台湾海峡の航空優勢を失う可能性が高い。他方、台湾は、防空ミサイルの面では最新のペトリオット・システムを導入しており、地理的範囲を考えれば数量的に十分な規模であると考えられ、初期段階の爆撃から防空部隊を防護できれば、台湾周辺空域への中国側航空機の侵入を阻止することが可能となる。また、電子戦機を保有しており、戦闘機と連携して大陸の中国軍拠点への打撃も限定的ながら可能となっている。

中国の台湾島への着上陸作戦

中国の台湾に対する軍事的選択肢には、限定的な空爆や金門や馬祖などの小島の占領などがあるが、これらは台湾の自由意志を奪うものにならない。台湾が中国との統一を望んでいない現状を変更し、中国側の意思を台湾に強制するためには、台湾島への上陸侵攻という軍事的手段が必要となる。

（1）作戦概要

中国側の作戦は、封鎖と爆撃の第1フェーズ、強襲上陸の第2フェーズ、台湾島内での戦闘の第3フェーズの3段階になると考えられている。

第1フェーズは、強襲上陸のための条件を整える段階であり、航空優勢を獲得し、台湾戦力を封鎖・隔離する目的で行われる。電子戦、サイバー攻撃、地対地ミサイル攻撃で台湾の各種機能を麻痺させた上で、爆撃機と攻撃機による爆撃が行われる。

第2フェーズは、大陸に近い台湾の離島への侵攻とともに、台湾島の海岸部に上陸して制圧する段階である。着上陸部隊を搭載した船団が台湾海峡を渡り、機雷や障害物を排除し、海岸部に取り付いて部隊の上陸拠点の確保が行われる。

実際の上陸作戦の推移を明確にするために、具体的な作戦行動の概要を表40に示した。第2フェーズはさらに7つのサブフェーズに分けられるが、作戦の山場である海峡横断から海岸に侵入するまでの作戦行動は、夜間から開始して翌日の昼間で終了するという実質わずか1日間で行われる。準備と事後の地域の確保を含めても1週間弱の期間で終わる。

第3フェーズは、広範な海岸線、港湾と空港などの兵員輸送の拠点を確実に支配下に置き、多数の陸軍部隊が台湾に輸送される段階である。上陸作戦フェーズから島内での戦闘作戦フェーズに移行し、台湾軍を掃討しつつ、主要都市の占領が行われる。

(2) 上陸海岸

中国側が台湾侵攻作戦を実施する際、着上陸地点の選択は極めて重要な作戦要素となる。上陸可能な海岸については、中国側と台湾側の双方で戦闘の様相を含め情報収集と研究が進んでいる。

台湾には1200キロメートルの海岸線があるが、上陸適地は限定的である。適地が多い西海岸は都市化が進展していることに加え、海岸に沿って水田、魚の養殖場、漕慨池などが存在し、上陸する側にとっては天然の障害となることに加え、防衛のための人工構築物が置かれ

表40　上陸作戦の概要

サブフェーズ	任務	場所	所要時間	活動の概要
1	輸送艦艇への搭載	中国沿岸（福建、浙江と広東省）	1～2日	・搭載地域沿岸に艦艇を分散待機 ・夜間に港湾進入し、艦艇に上陸部隊を搭載 ・艦艇が集結し、海峡横断に向けて艦隊を形成
2	海峡横断	台湾海峡	1晩（約10時間）	・2個以上の艦隊で迅速に進出（距離110km～360km） ・台湾島沖の係留海域に集合
3	輸送艦艇から分離し、強襲部隊集団を編成	台湾島沖合20～60km	2時間強	・40～60km沖合で投錨し、強襲揚陸艦から部隊を分離 ・20～25km沖合で投錨し、揚陸艦から揚陸艇を卸下
4	沿岸を爆撃	台湾島沖合2～20km	2時間強	・駆逐艦、フリゲート艦と火砲搭載の民間船で沿岸と砕波帯を砲撃 ・爆撃機、攻撃機、ヘリ等により沿岸に対し統合爆撃
5	機雷除去と障害物撤去	係留海域から海岸線の進入区域	1～3時間	・機雷の除去、障害物撤去 ・揚陸艦艇の接岸に必要な海上経路を2～3レーン確保 ・各海岸線から侵攻する陸上通路帯を4～6レーン確保
6	海岸地帯に侵入	台湾島の着上陸地点	1～4時間	・特殊作戦部隊が上陸・侵入し、強襲部隊集団の上陸通路を確保 ・強襲部隊集団が上陸・侵入し、後続部隊の上陸区域を確保 ・空挺部隊の強襲により近隣の飛行場と港湾を確保
7	上陸地域を確保し、防御を強化	台湾海岸地域 区域の規模：海岸幅5～10km、内陸縦深5～8km	1～3日	・主要な要衝地域を確保し、敵の反撃を撃退 ・前方指揮所と防空態勢の確立 ・上陸拠点となる区域を強化し、同区域と海岸、飛行場、港湾との交通を連接 ・港湾の整備、輸送力の修復、喫水の深い大型艦船からの卸下

注①出所は、Tsai Ho-Hsun、「Research on the Communist Military's Joint Landing Campaign」35～49頁。②フェーズ3～5は、状況により同時進行する可能性がある。

るなど、上陸作戦には極めて不利な地形となっている。台湾軍は、海岸の地形的条件から大規模上陸作戦における上陸適地の海岸を14か所[95]に絞り込んでいる。

実際の上陸地点は、地形的条件に加え、作戦遂行に適した社会環境的な条件を満たす必要がある。すなわち、近くに経空で襲撃可能な港湾施設と飛行場があること、政治・行政中枢の台北市に近いことなどの条件である。

桃園地域（図20）は、上陸適地が2つ含まれる上に、他の条件も整っているため、上陸地点に選択される可能性が最も高い。同地区は台北市に近く、飛行場と港湾を備え、高速道路網を押えることにより台北市への侵攻が迅速に行い得るという利点がある。但し、近傍に台湾側の主要軍事基地が点在しており、支配権を確立することは必ずしも容易ではない。

図20　台湾の防御態勢

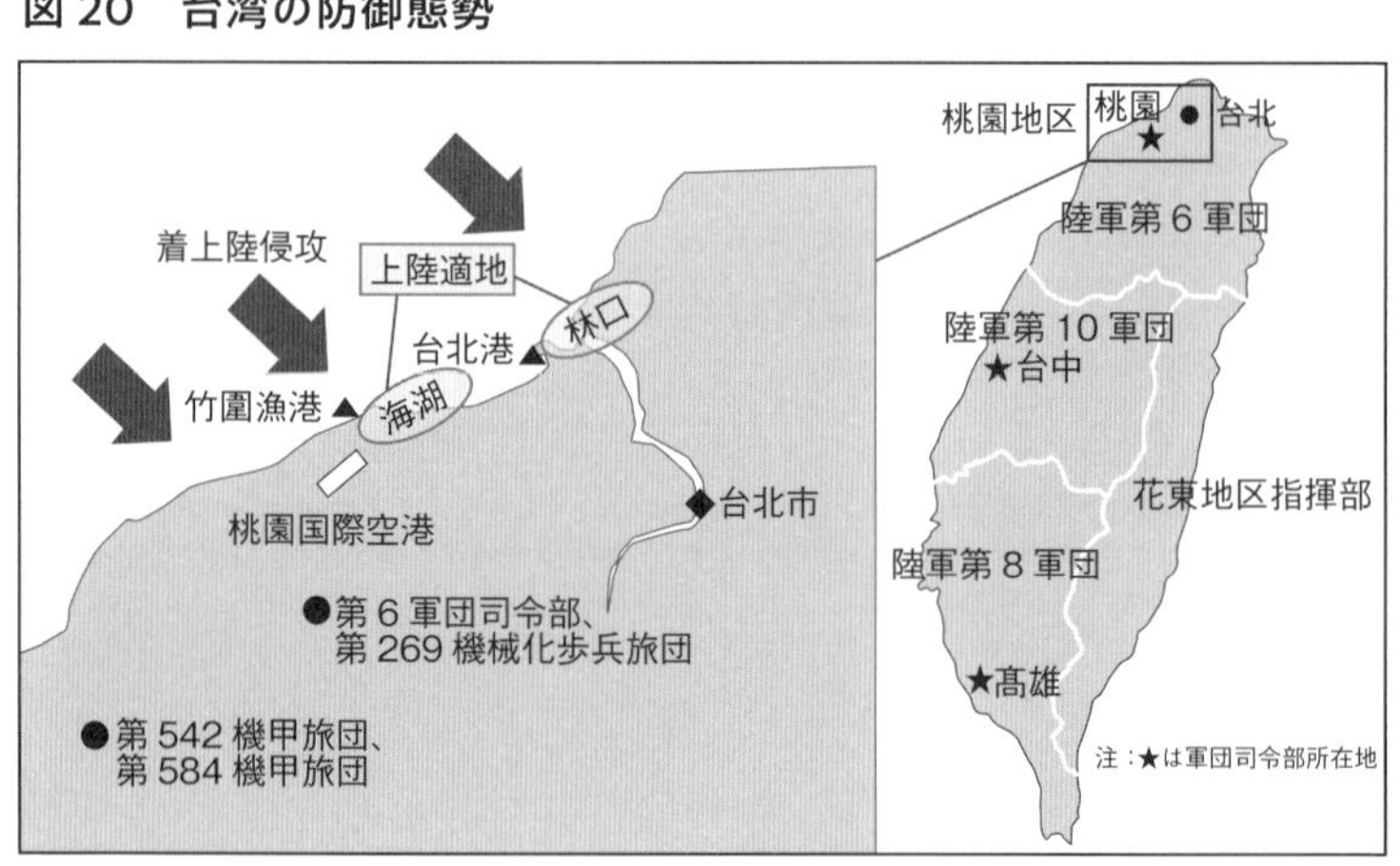

(3) 時期

台湾海峡を巡る気象条件は厳しく、中国側の作戦に適した時期は限られる。夏季には、フィリピンから強い熱帯風が海峡に吹き付け、激しい風雨が発生することに加え、台風の襲来もある。冬期は、逆にシベリアからの強い寒風が海峡を吹きおろし、激しい風雨が発生するなどして、10月下旬から3月中旬までは非常に荒れた天候になることが多い。

中国側の文書でも現実的な台湾侵攻時期は3月下旬から4月末までと9月下旬から10月末までの2つの時期しかないとなっている[96]。

(4) 作戦実施部隊

台湾侵攻作戦では、東部戦区司令部が中心となって南京に統合作戦司令部を設け、隷下部隊は東部戦区と南部戦区に所属する部隊を主力とし、他戦区からの部隊が加わった部隊構成になると考えられる。陸海空軍とロケット軍の戦闘部隊が作戦の主役となるが、その中でも特に陸地を面で制圧する陸上戦力が重要となる。

❶想定される陸上戦力

上陸作戦における戦力規模としては、中国側は最大限の兵力を用いると推測されるが、輸送力を考えると30万人から40万人程度と予測される。第1波の上陸部隊は海岸地域を確保する困難な任務を遂行する極めて精強かつ能力の高い部隊であり、数万人程度の比較的小規模になる一方、第2波は確保した海岸や港湾等から上陸する数十万人に上る大規模の部隊となる。

　第1波の上陸部隊は、陸軍の水陸両用部隊、特殊作戦部隊等が主力であり、これに海軍歩兵、空軍の空挺部隊等が加わる。上陸地域の選択により規模は変動するものの、陸軍の規模としては2万人から5万人規模[97]であり、空挺部隊は6個旅団の3万人規模、海軍歩兵は最大6個海兵旅団2・5万人規模の参加が見込まれる。

　第2波は、東部戦区と南部戦区の隷下にある部隊を中心に上陸することとなるが、その兵員規模には船舶などの輸送能力の制約がある。重装備の機甲旅団や後方地域の占領を担任する歩兵旅団は、橋頭堡、港湾、飛行場などの輸送関連施設が確保できた段階で移動する。

❷戦力規模と輸送力

　台湾の陸上戦力は陸軍の機動戦闘部隊（機甲・機械化・軽歩兵）の13個旅団と海兵の3個旅団の合計16個旅団であり、仮に3倍相当の戦力を充てて侵攻する場合は、中国側は48個程度の旅団を台湾に輸送する必要がある。

　表41は、東部戦区と南部戦区に属する陸上戦力を一覧にしたものである。中国側は5個の集団軍の下、機甲、機械化、歩兵と水陸両用旅団の機動戦闘部隊が30個と航空襲撃旅団が1

個の合計31個旅団の戦力を有する。機動性の高い海軍歩兵と空軍空挺にはそれぞれ6個旅団の戦力がある。以上の東部戦区と南部戦区を中心とした陸上戦力は合計で43個旅団となり、他の戦区から数個旅団の増強部隊を得られれば、ほぼ、台湾攻略に必要な陸上戦力は整うと考えられる。

　これらの部隊の多くは艦船で輸送することとなるが、中国海軍の保有する輸送艦の輸送能力は、現状では必ずしも十分ではない。陸軍の場合、機動戦闘部隊に加え、砲兵や防空部隊などの戦闘支援部隊や工兵などの非戦闘支援部隊の合計20個旅団の輸送も必要となり、さらに海軍歩兵6個旅団を加えると、中国側は56個旅団を艦船により輸送する必要がある。

　表42は中国軍の海上輸送能力を示したもの

表 41　中国上陸部隊の旅団数

<table>
<tr><th>陸軍
所在地：戦区</th><th>第71集団軍
徐州：東部</th><th>第72集団軍
湖州：東部</th><th>第73集団軍
厦門：東部</th><th>第74集団軍
恵州：南部</th><th>第75集団軍
昆明：南部</th><th>合計
輸送手段</th></tr>
<tr><td>機甲</td><td>4</td><td>1</td><td>1</td><td>1</td><td>4</td><td rowspan="4">30
艦船輸送</td></tr>
<tr><td>機械化</td><td>1</td><td>1</td><td>1</td><td>1</td><td>1</td></tr>
<tr><td>軽歩兵</td><td>1</td><td>2</td><td>2</td><td>2</td><td>1</td></tr>
<tr><td>水陸両用</td><td></td><td>2</td><td>2</td><td>2</td><td></td></tr>
<tr><td>特殊作戦</td><td>1</td><td>1</td><td>1</td><td>1</td><td>1</td><td rowspan="2">6
航空輸送</td></tr>
<tr><td>航空襲撃</td><td></td><td></td><td></td><td></td><td>1</td></tr>
<tr><td>砲兵</td><td>1</td><td>1</td><td>1</td><td>1</td><td>1</td><td rowspan="4">20
艦船輸送</td></tr>
<tr><td>工兵・NBC</td><td>1</td><td>1</td><td>1</td><td>1</td><td>1</td></tr>
<tr><td>後方支援</td><td>1</td><td>1</td><td>1</td><td>1</td><td>1</td></tr>
<tr><td>防空</td><td>1</td><td>1</td><td>1</td><td>1</td><td>1</td></tr>
<tr><td>海軍</td><td>東部戦区</td><td>南部戦区</td><td>北部戦区</td><td rowspan="2" colspan="2"></td><td rowspan="2">6
艦船輸送</td></tr>
<tr><td>海軍歩兵</td><td>2</td><td>2</td><td>2</td></tr>
<tr><td>空軍</td><td>中部戦区</td><td rowspan="2" colspan="4"></td><td rowspan="2">6
航空輸送</td></tr>
<tr><td>空挺</td><td>6</td></tr>
</table>

注　旅団数等のデータは『ミリタリーバランス2020』による。

である。全ての艦艇が稼働状態であると仮定した場合、その輸送能力は兵員2万4000人、戦車690両、装甲車410両の輸送能力がある。これは、3個機甲旅団、1個機械化旅団、4個歩兵旅団の合計8個旅団の輸送能力に相当する。

この8個旅団規模は第1派上陸部隊の最小限の需要を満たしているものの、台湾島の全面制圧に向けては必ずしも十分ではない。作戦全体の陸上戦力である56個旅団の輸送能力には到底及ばず、輸送需要を満たすには、占領した台湾島の港湾と飛行場を利用し、民間船舶、航空機を徴用した大量輸送を行う必要がある。[98]

なお、中国軍は揚陸艦艇の増強を

表42　中国軍の海上輸送能力

艦艇区分	クラス	隻数	輸送能力				
			揚陸艇	部隊（人）	戦車（両）	装甲車（両）	ヘリ（機）
強襲揚陸艦	ユージャオ	6	4	800		60	4
揚陸艦	ユーディン	1		500			
	ユーハイ	10		250	2		
	ユーシュー	10			6		
	ユーカン	4	2	200	10		
	ユーティンI	9		250	10		2
	ユーティンII	15	4	250	10		
揚陸艇	ユーベイ	11		150			
	ユーナン	30			1		
	ユーイ	10				1	
	ズブル	4		140		10	
	パイ	12		10			
揚陸艇（陸軍）	ユーナンII	50			1		
	ユーペン	100		70	1		
	ユーウェイ	50			3		
総計			92	23,930	690	410	42

注①『ミリタリーバランス2020』による。②艦艇区分のうち、「（陸軍）」と付記したもの以外は、海軍に所属。

継続中であり、2019年9月には全通甲板を有する4万トンクラスの075型強襲揚陸艦の進水が注目を集めた。現在就役中の最も大型のユージャオ級強襲揚陸艦（イメージ14）は1個機械化歩兵大隊規模（人員800名、車両60両）の輸送力を持つものの、海軍の増強ペースは緩やかで数隻程度の増強では上陸作戦能力の大幅な改善になっていない。他方、陸軍に所属する揚陸艇は急速に増強されており、戦車等の重装備の輸送能力が強化され、着上陸時の戦闘能力の大幅な強化が行われている。

台湾の国防態勢

（1）国防戦略

かつての国民党政権は国共内戦の経緯から「大陸反攻」を唱えていたが、最近の台湾歴代政権は中国との戦力差を意識し、守勢的な防衛戦略をとっている。具体的には、「防衛固守、重層的な抑止」の軍事戦略を掲げており、「重層的な防衛」として「戦力防護、沿海部での決戦、海浜での敵殲滅[99]」という3段階の台湾島への上陸阻止を謳っている（図21）。

国防体制は、2002年以降、国防部長の権限が強化され、かつて

イメージ14　ユージャオ級強襲揚陸艦

総統に対して直接の責任を負い強大な権限を有していた参謀総長は、制服組のトップとして国防部長を補佐するスタッフとの位置づけに変わり、軍事組織に対するシビリアンコントロールが強化されている。さらに、台湾は徴兵制を採用していたが、17年に廃止し、志願制に移行した。これは一連の兵力削減計画の流れに沿ったものであり、兵員規模は90年代の45万人から現在の16・3万人へと大幅に縮小した。

(2) 防衛態勢

台湾防衛の観点からは、大陸からのミサイル攻撃などの遠距離攻撃や航空機等からの爆撃による部隊の損耗を避けた上で、上陸部隊を積載した艦隊を脆弱な海上において撃破することと、艦隊から発進した着上陸部隊を海上や海岸で戦闘態勢が十分整う前に撃破することが極めて重要な戦術目標となる。

台湾は、保持する離島に砲兵部隊を配置し艦隊への打撃力を付与しているほか、着上陸が予想される西海岸には陸軍の3個軍団を配置している[100](前掲図20参照)。

図 21　台湾の防衛構想(国防報告書)

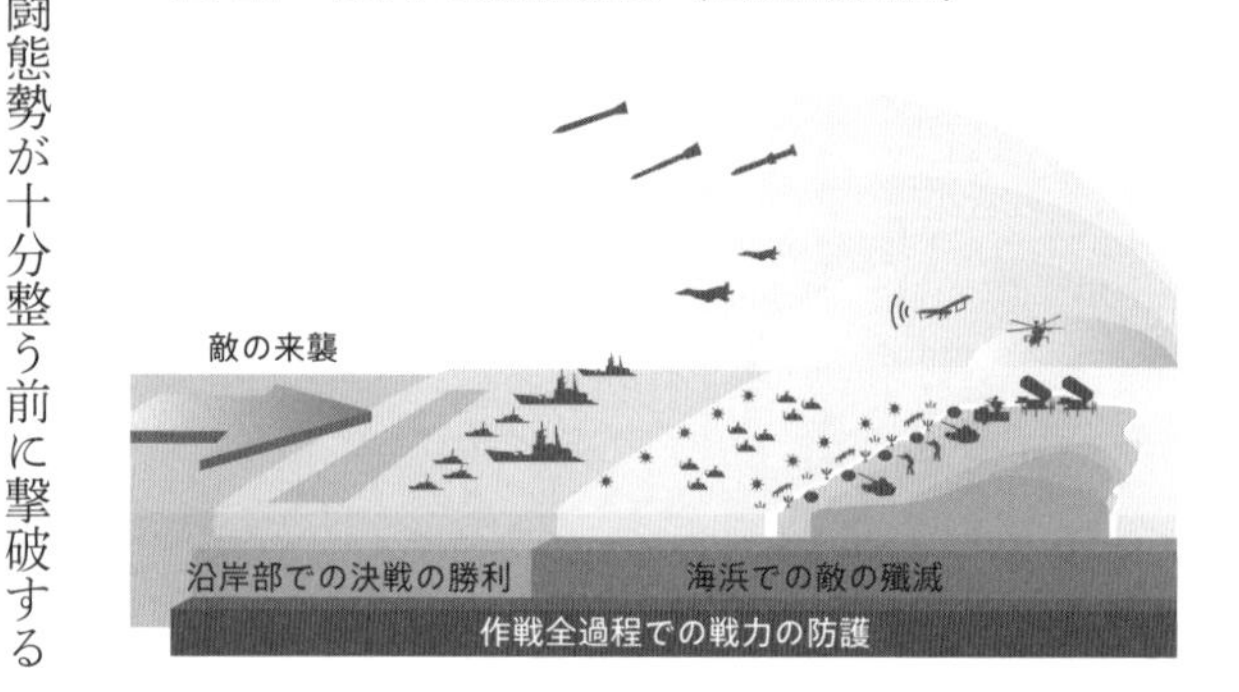

ている。

（3）防衛作戦計画

台湾側の計画としては、中国側の全面侵攻シナリオを想定した「固安作戦計画」[101]が用意されている。

中国側の侵攻計画と同じく、台湾側の作戦計画も3つのフェーズで構成される。第1フェーズでは中国側の奇襲に備え、第2フェーズでは統合部隊により中国の着上陸艦隊を着上陸以前に打撃し、第3フェーズでは残存する台湾部隊により海岸線で着上陸してきた中国軍部隊を打撃する計画となっている。

第3フェーズの戦況の推移に関しては、撃退シナリオと持久戦シナリオが考えられているが、問題となるのは後者である。前のフェーズで台湾側が壊滅的な損害を受け、海岸地域で決定的な打撃が行えなかった場合、中国側は海浜地帯を確保して戦力を逐次強化する一方、台湾側は防御線を徐々に後退させざるを得なくなり、台北を含めた主要都市で戦闘に突入することになる。このような状況になると、海峡を渡り増強される中国軍部隊の圧力の下、台湾は独力で持久することが難しくなる。台湾としては、局面打開のため、米国や日本の海空戦力によって台湾海峡が封鎖され、中国側の補給線が途絶することを願うしかなくなる。[xvi]

xvi　歴代の台湾国防部長の発言では、米軍の支援なしに概ね2週間、最短では1週間持久可能としている（『旺報（電子版）』［2016年12月14日］）。

海峡危機への米国の軍事介入

米国は台湾防衛の義務を負っておらず、海峡危機が生じた場合に軍事介入するか否かは、米政権の裁量に委ねられる[102]。

（1）介入戦力

中国側からの奇襲攻撃を含む台湾海峡を巡る紛争に対し、迅速に対応できるのは東アジア地域に所在する米軍部隊である。大規模部隊を投入する本格的な台湾侵攻の場合は、事前に各種の兆候が出るため、米軍は域外からの部隊の増派を準備することが可能であるが、その場合でも域内に駐留する米軍部隊が大きな役割を果たす。

具体的には、海軍第7艦隊の空母と水上戦闘艦艇からなる空母打撃群（艦載機含む）、空軍の4個戦闘航空隊、海兵隊の海兵旅団、強襲上陸大隊（ＭＥＵ）とＦＧＡ飛行隊、グアムに所在する巡航ミサイル原潜が実動部隊として重要であり、日本に所在する陸軍軍団司令部（前方展開）をはじめとする様々な組織や施設に加え、グアムに集積されている海兵旅団装備セットなどが増派部隊の受け入れにおいて機能する。

（2）介入形態

米軍による介入には政治決断が必要なため、必ずしも介入が行われるとは限らないし、介入が決定されたとしてもそのタイミングは定かではない。事態の推移次第で介入形態が異なるため、ここでは、作戦フェーズに沿って、米軍が行い得る行動の例を示すにとどめる。

❶第1フェーズ：封鎖と爆撃作戦

情勢緊迫時には、米軍は空母打撃群を台湾近辺に派遣してプレゼンスを示し、海域と空域の封鎖に対しては、水上戦闘艦艇と空軍戦闘機を派遣し、本格的な作戦移行に対して警告のシグナルを発することが可能である。台湾に対する爆撃が開始されて以降は、ミサイル攻撃への対抗手段は限定的であるが、中国側攻撃機等による爆撃に対しては空軍戦闘機または空母艦載機による迎撃が可能である。

❷第2フェーズ：上陸作戦

大陸に近い離島（金門、馬祖）への介入は難しいものの、台湾寄りにある膨湖諸島への侵攻に際しては中国側艦艇に対して潜水艦、空母艦載機等による攻撃の余地がある。また、台湾島向けの上陸部隊搭載艦艇に対しては、同様に対艦ミサイル攻撃を行い得る。台湾島内の飛行場の修復状況が良好で防空ミサイル部隊が残存している場合は、空軍の戦闘機飛行隊の運用も視野に入る可能性がある。

❸第3フェーズ：島内での戦闘作戦

最初に陸上戦闘に介入する可能性が高いのは、沖縄に所在する2000人規模の第31海兵遠征ユニット（31MEU）である。これに引き続いて、同じく沖縄の第3海兵遠征旅団（ⅢMEB）の戦闘支援の準備が整うこととなる。状況によっては、グアムの海上事前配置軍の装備を利用する形でカリフォルニアの第1海兵遠征旅団（IMEB）が来援して展開する可能性もある。台湾島内での持久戦の継続が想定される場合は、陸軍軍団司令部（前方展開）が陸軍部隊の受け入れの調整を開始する。海兵隊の展開状況に合わせて海空軍部隊が台湾とその周辺海空域に展開する。

（3）予想される介入の効果

中国が保持する対艦と対空ミサイル戦力を考慮すれば、米軍は台湾海峡内での空母の運用は軍事的リスクが大きく不可能に近いが、周辺海域からの空母を用いた支援または空軍機による台湾周辺空域での支援は可能であろう。また、脆弱な上陸艦隊に対して、米軍は潜水艦などによる攻撃手段を有しているほか、介入のタイミングが中国軍部隊の上陸を許した後であっても、海兵隊の迅速な展開によって局面を転換できる可能性がある。

台湾の戦力は中国側に比し小規模ではあるが、国際世論を背景に米軍が台湾島に陸上展開する程度の時間は持久できる可能性が高く、現状では「米国が十分な戦力を展開する前に台湾を降伏させる」という中国側の戦術目標は達成できない可能性が高い。米国が軍事介入した場合、中国は過度のエスカレーションを避けつつ米軍の排除に努めるものの、海峡と大陸間の補給線を維持しつつ、陸上戦闘で米軍を排除して台湾を制圧することは難しいと考えられる。

まとめ

中国軍が台湾島に対し上陸侵攻する場合、その輸送力の制約に鑑みれば、2万人強の戦力で港湾と空港を支配下において、後続の部隊の受け入れ態勢を整える必要がある。しかし、台湾側の反撃を考えれば、これは中国側にとって決して易しい作戦目標ではない。

実際、台湾は中国の対台湾作戦能力を次のように評価している。[103]「(中国)東部、南部戦区は水陸両用装甲戦闘車の試験配備を継続し、強襲揚陸艦と統合上陸(島嶼侵攻)演習を実施し、精密・立体・全域・多元的能力向上をさせている。上陸作戦の複雑性からの制約や輸送手段と膨大な後方支援の欠如から、現在のところ、『台湾島外の離島』に対する統合上陸作戦能力のみを保有している」

また、米国は、台湾に対する軍事行動には海空域封鎖から全面的な侵攻・占領までの複数の軍事オプションがあるが、台湾への上陸侵攻は重大な政治的・軍事的リスクを伴うとした上で、次のように評価している。[104]「人民解放軍は、台湾への全面的な侵攻を除く多様な着上陸作戦の遂行能力を有している。（中略）馬祖や金門などの中規模の防御力の高い島嶼への侵攻は、中国の能力の範囲内である」

現状の台湾島に対する中国の上陸侵攻作戦は、部隊人員・装備に大きな損耗を伴うことを織り込んだ上で、損耗よりも多くの兵員を着上陸させて海岸地帯に拠点を築き、後続の大規模部隊を送り込むことに要点がある。作戦実施に際しては、相当数に上ると予想される中国側の人的損害を許容する国内政治環境下にあるか否か、また、米軍の介入による損害拡大や作戦規模の拡大などに中国軍は対応できるのかの判断が不可欠であり、中国指導部の意思決定には大きな政治的責任とリスクが伴うものとなっている。

第3節　オホーツク海

極東ロシアは、人口や産業の集積度が低くヨーロッパ・ロシアに比して政治経済的な重要性は低いものの、軍事的には米国の戦力と接する地域であり、戦略的な重要性が極めて高い。特に、オホーツク海は戦略ミサイル原潜の運用海域となるため、ロシアの海として聖域化し、コントロール下に置きたい海域となっている。

戦力比較

オホーツク海を巡って向き合う戦力として、ロシアは東部軍管区、日米側は米インド太平洋軍と自衛隊の海上・航空戦力を取り上げて、双方を比較した。表43で示したとおり、結論的には日米側が圧倒的に優位な状況となっている。

海上戦力では、原子力潜水艦を含む潜水艦戦力はもとより、駆逐艦などの水上戦闘艦の隻数においても、日米側はロシア側の3倍程度の規模を有する。加えて、空母や水上戦闘艦艇にとって脅威となる潜水艦を排除するため、対潜機部隊を手厚く配備している。

表43　オホーツク海を巡る戦力の比較

兵器種	軍種	種別	東部軍管区	日米計	米軍	自衛隊
艦艇（隻）	海	SSBN	4	8	8	
		SSGN/SSN	8（6）		29	
		SSK	7	21		21
		CV【CVH】		5【4】	5	【4】
		CG/DD	6（1）	86（2）	50（2）	36
		FF	2	20	9	11
		FS	12			
		PC	10	6		6
航空機（飛行隊）	海	戦闘機	0.5	10	10	
		固定翼対潜機	3	10	6	4
		回転翼対潜機	3	14	9	5
	空	要撃機	1	11	4	7
		FGA	5	11	6	5
		攻撃機	4	1	1	
陸上発射ミサイル（中隊）	陸海	対艦	8	20		20
	陸海空	防空	68	61	13	48

注①『ミリタリーバランス2020』『2019』等による。米軍の艦艇隻数は2020年版では第3艦隊の記述がないため、2019年版の数値を使用。数値は、艦艇は隻数、航空機は飛行隊数、陸上発射ミサイルは中隊数で表示。②略語は次のとおり。SSBN：戦略ミサイル原潜、SSGN：巡航ミサイル原潜、SSN：攻撃型原潜、SSK：通常動力型潜水艦、CV：空母、CVH：ヘリ空母、GC/DD：巡洋艦と駆逐艦・護衛艦、FF：フリゲート艦、FS：コルベット、PC：警備艇、FGA：戦闘攻撃機（マルチロール機）。③表中の「米軍」の数値については、艦艇は第3と第7艦隊所属、航空機は太平洋艦隊と太平洋空軍所属、防空ミサイルは韓国と日本配備のものを掲げている。④SSN/SSGNとCG/DD欄中の括弧内の数値は非稼働または改修中の隻数。⑤海軍のFGA飛行隊は空軍に比し編制が小さいので1個飛行隊を0.5個に換算。

また、航空戦力を比較すると、航空優勢を獲得するための主戦力となる空軍所属の要撃機とマルチロール機（FGA）の飛行隊は、日米側が22個であるのに対し、ロシア側は6個しかなく、戦力差は大きなものとなっている。

地理的特性

図22は、オホーツク海周辺の軍事的環境を示したものである。極東ロシアに近い米空軍の前方展開基地は日本の三沢基地と韓国の烏山（オサン）基地であるが、最も近い三沢基地でもオホーツク海へは1500〜2000キロメートルの距離にあり、戦闘機の作戦行動半径の限界かその外側になる。また、日本と韓国以外の周辺の米軍基地所在地としては、グアムとアラスカが4000キロメートル前後、ハワイが6000キロメートルの距離となるが、戦闘機が直接作戦行動をとれる距離にはない。戦闘機による航空優勢がない空域

図22　オホーツク海周辺の軍事的環境

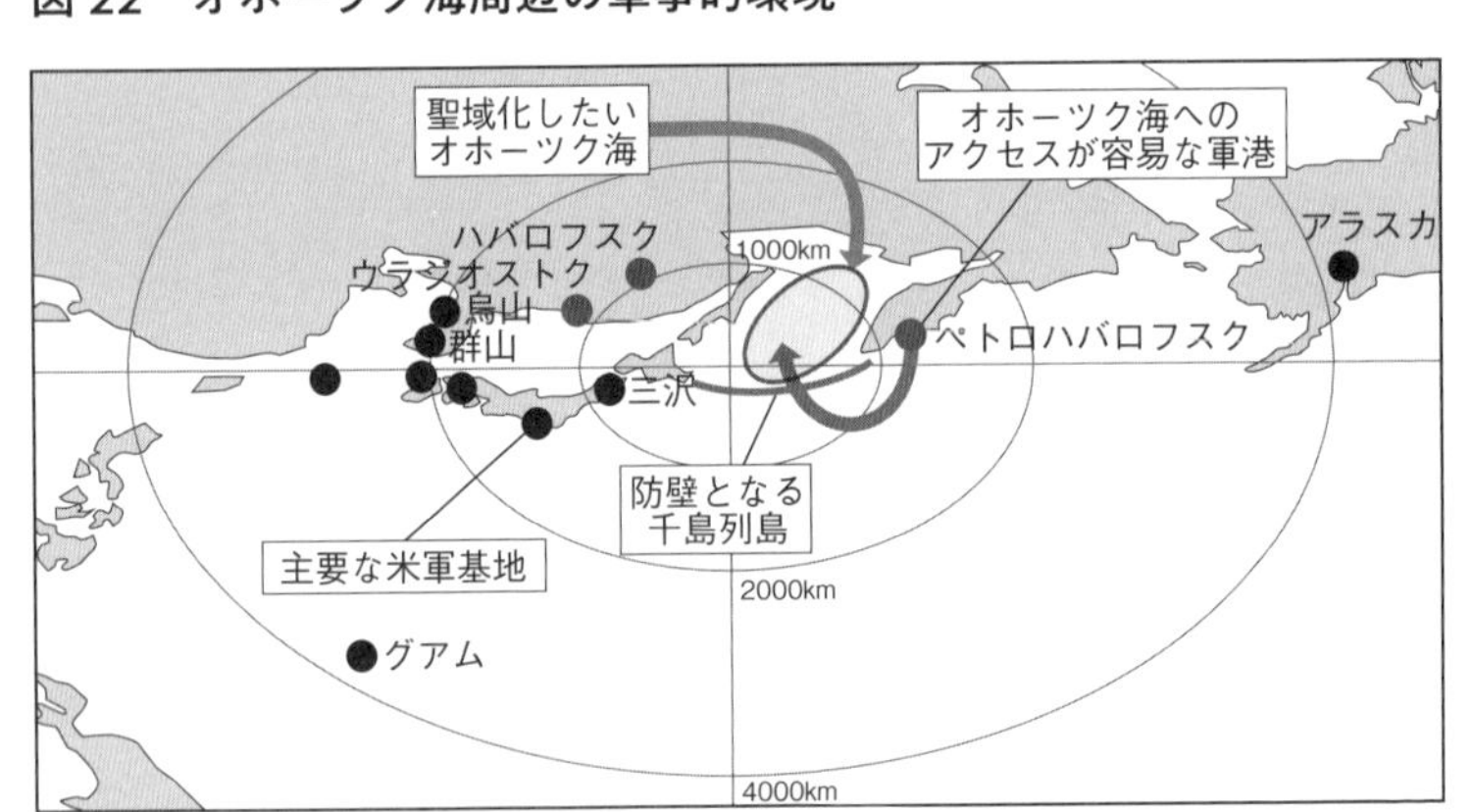

下の海洋では水上戦闘艦や対潜哨戒機などの対潜戦力を安全な形で運用できないため、オホーツク海で日米側が航空優勢を獲得するには米空母打撃群がオホーツク海に接近する必要がある。

進出してくる米側の艦艇群に対する防壁となるが、日本の北方領土を含む千島列島であり、ロシアは米軍の接近を妨げる形で対艦ミサイルや対空ミサイルを陸上に配備している。ロシアのミサイルは長射程のものが多く、対艦ミサイルで最大射程３００キロメートル、対空ミサイルで最大射程４００キロメートルとなっている。[105] 日米側から離隔した状態のオホーツク海へは、カムチャツカ半島東岸にある不凍軍港のペトロハバロフスクからのアクセスが容易であり、ロシアはＳＳＢＮをはじめとする原子力潜水艦を同港に配備している。これらの原子力潜水艦を運用するオホーツク海を聖域化する観点から、ロシアにとって千島列島の重要性は極めて高くなっている。

戦術核

ロシア側は通常戦力で日米側に対し圧倒的に不利であるため、これを覆す手段としての戦術核兵器の有用性は高く、ロシア軍は多種多様な運搬手段を用意している。

戦術核の発射母体として冷戦中から知られているのは、Ｔｕ－22Ｍ３（バックファイアーＣ）であり、射程１５０キロメートルの核弾頭搭載の対地ミサイルなどを発射可能であるが、これに加えて、表43のロシア空軍の10個戦闘飛行隊のうち、Ｓｕ－34とＳｕ－24Ｍ／Ｍ２で構成される2個飛行隊が戦術核爆弾を搭載可能となっている。

また、艦艇では、水上戦闘艦と潜水艦が戦術核兵器の運用能力を有している。水上戦闘艦に関しては、新鋭艦であれば駆逐艦、フリゲート艦のみならず1000トン級のコルベット艦に至るまで[106]、戦術核弾頭と通常弾頭のデュアル・ユースの「カリブル」対地巡航ミサイルを運用できるようになってきている。潜水艦では、攻撃型原潜（SSN）が射程2400キロメートルの「グラナート」対地巡航ミサイルを装備可能であるほか、キロ級潜水艦を含む比較的新型の通常動力型潜水艦も「カリブル」対地巡航ミサイルを装備している。東部軍管区では、戦術核運用能力のある潜水艦が配備済みであり、水上戦闘艦も今後、核運用能力のある艦艇の配備が進むと考えられる。

さらに、地上発射ミサイルでは、イスカンデル・ミサイルランチャーから発射される9M728と9M729ミサイルが「カリブル」と同系統に属し、核弾頭搭載可能である（イメージ15）。前者の射程は500キロメートル以下であるが、後者は2000キロメートル以上の射程を持つと見積もられている。東部軍管区ではハバロフスクとウラジオストク周辺にイスカンデル・システムを運用する陸軍ミサイル旅団が置かれている状況にあり[107]、射程2000キ

イメージ15　イスカンデル

ロメートルとすると日本全土がその射程内に入ることとなる。

まとめ

オホーツク海は、ロシアにとって戦略ミサイル原潜を運用するために排他的コントロール下に置きたい重要海域である。この海域を巡って対峙するロシアと日米では、日米側が戦力的に圧倒的に優位であるが、ロシアは米空母打撃群の接近を拒否できれば、同海域での航空優勢を確保可能となる。そのための戦力として、ロシアは千島列島に防空ミサイルと対艦ミサイルを配備している。また、劣勢となっている日米側との通常戦力の差を覆すため、戦術核兵器の運用を視野に入れて部隊を配備している。

第4節　朝鮮半島

概況

朝鮮半島は、北緯38度付近にある軍事境界線の南北に設けられた非武装中立地帯（ＤＭＺ）を挟んで、北朝鮮軍と米韓連合軍の戦力が現在も対峙している状況にある。１９５０年に始まった朝鮮戦争は、１９５３年に中朝両軍と国連軍との間で休戦協定が結ばれているものの、国際法的には戦争状態が継続している。長らく軍事的緊張状態が続いてきたが、本格的な戦闘は協定発効後70年近く起きておらず、それがゆえに現在の軍事的対峙の具体的な状況はあまり知られていない。

朝鮮戦争は、朝鮮半島の国家統一を巡る戦争であるため、その勝利条件は半島全土となる国土の掌握である。最終的に国土を掌握し、実効支配を確立するための戦力は陸軍主体の陸上戦力となる。結果として、朝鮮半島を東西約２５０キロメートルにわたって貫く軍事境界線を境に、北朝鮮１１０万人と韓国46万人もの大兵力の陸軍部隊が向き合うことになり、特に境界付近の南北双方の極めて狭い地域に、世界のいずれの地でも見られない高い密度で部隊が配置され、かつ臨戦態勢が維持されている。

現代の陸上戦闘は、陸上戦力と航空戦力を組み合わせた立体戦で行われるため、朝鮮半島の軍事対峙の構造を読み解くためには、陸上戦力とともに航空戦力の状況を見ていく必要がある。なお、北朝鮮は多くの小型潜水艦を保有するなど一定の海上戦力を有しているが、海上戦力では米韓側が優位であることに加え、北朝鮮の戦力では陸上作戦に大きな影響を与えることが困難であることから、ここでは、特に取り上げないことにする。

戦力比較

表44は、北朝鮮側と米韓側の戦力を比較したものである。双方とも本格的な陸上作戦を念頭に置いているため、陸軍の戦術単位として師団を中核に部隊が編制されているが、機動戦闘部隊に

ついては比較を容易にするため旅団単位に換算して表示している。

司令部組織は、広域作戦に対応できるように双方とも軍団司令部を設けている。北朝鮮は13個軍団、韓国は9個軍団、米軍は1個軍団である。司令部組織としては双方とも多方面において数多くの大規模部隊を運用することができる指揮機能を備えている。

陸軍の総兵力は、北朝鮮110万人に対し、韓国46万人、米軍1・9万人であり、米韓は北朝鮮の半数に満たない。そして、機動戦闘部隊の旅団数

表44　朝鮮半島の陸空戦力比較

戦力の種別		北朝鮮	米韓計	韓国		在日米軍
				韓国軍	米軍	
	陸軍兵員（千人）	1,100	485	464	19	2
	集団軍 / 司令部	12個軍団司令部 1個首都司令部		8個軍団司令部 1個首都司令部	1個軍団司令部 1個師団司令部	
陸上戦力（旅団）	機動戦闘部隊	93	53	52	1	
	機甲	17	15	14	1	
	機械化	8	4	4		
	軽歩兵	68	34	34		
	大砲（門）	8,600	4,953	4,853	10	
	多連装ロケット砲（両）	5,500	254	214	40	
	攻撃ヘリ（機）		136	96	40	
	特殊作戦	28	11	11		
	空軍兵員（千人）	110	85	65	8	12
	爆撃機	6				
	要撃機	18	9	6		3
航空戦力（飛行隊）	戦闘攻撃機	1	21	16	3	2
	うち第4世代機以降	1	21	13	3	5
	攻撃機	1	1		1	
	防空（中隊）	57	47	34	9	4

注①『ミリタリーバランス2020』等による。数値は、陸上戦力が旅団数、航空戦力が飛行隊数を単位とし、旅団または飛行隊でないものは括弧書き等で単位を示している。②北朝鮮の陸軍の1個師団は2個旅団に相当するものとして換算。韓国の師団は含まれる部隊に応じ換算。③韓国国産のFA-50は第4世代機に含めず。北朝鮮と韓国の防空中隊数はランチャー数等からの概算値。

でみても、北朝鮮側が93個であるのに対し、米韓側は53個の半数程度である。しかし、双方の攻撃・防御の接触面（前線）において高い打撃力を有する戦車を主体とした機甲旅団と機械化旅団の合計数は北朝鮮側が25個に対し、米韓側は19個と若干劣るものの、攻撃ヘリ等の戦力を加味すれば、前線の維持という観点では双方が均衡していると考えられる。他方、軽歩兵旅団に関しては、北朝鮮側が68個あるのに対し、韓国側は34個となっている。

機動戦闘部隊を支援する砲兵の火力に関しては、大砲の砲門数では、北朝鮮が８６００門と韓国側の倍近い数量がある。多連装ロケット砲（ＭＲＬ）も北朝鮮は５５００両と圧倒的な数量を保持している。他方、北朝鮮が保有していない戦力として、米韓側は攻撃ヘリを計１３６機保有しており、戦車などの重装甲車両を精密に攻撃する能力を有している。北朝鮮の大砲などの長距離支援火力は米韓にとって脅威であるが、対砲兵レーダーを装備する米韓側は、北朝鮮の砲撃元に対し精密な砲撃を行い、北朝鮮側の火力を減殺することが可能であることから、米韓側が一方的に不利な状況とは言えない。

部隊規模や火砲などの装備の数量的な面では、北朝鮮軍は優位ではあるものの、装備が旧式であるため、総合的な戦力としては必ずしも優位とはなっていない。主要装備の約半数が１９６０年代の設計であり、比較的新しい装備であるＭＲＬでも１９８０年半ばから１９９０年代初めのものである。さらに、部品や燃料の不足、維持整備の不良により、全ての装備が完全な稼働状態にあるわけではない。

航空戦力に関しては、米韓側が圧倒的に優勢である。北朝鮮の戦闘機の飛行隊が20個であるのに対し米韓は31個もあり、かつ、第4世代機以降の飛行隊で比較すると、北朝鮮側が1個しかないのに対し米韓側は21個であり、航空戦力での優勢は揺るがないと考えられる。米韓側は航空優勢を確保した上で、対地攻撃可能な飛行隊を22個保有することから、北朝鮮の陸上戦力を爆撃するなど陸上戦闘の支援を実施することになる。北朝鮮は、米韓側の航空戦力への対抗手段として、旧式ではあるものの[108]、長・中・短距離の3層からなる防空ミサイルを保有しており、19個旅団（57個中隊規模に相当）態勢で運用している。

北朝鮮の南進作戦と米韓側の対応

北朝鮮は、非武装中立地帯の北側に4つの軍団を配備し、南進の構えを崩していない。以下では、北朝鮮の武力統一のための南進作戦と米韓側の対応について概説する。

（1）地理的環境

朝鮮半島は、南北に１０００キロメートル、東西幅は最も狭いところで２５０キロメートルのコンパクトな地形で全体的には山地部が多く、海岸沿いの平地には湿原または水田が広がっている。半島を南北に分断する軍事境界線から平壌は１２５キロメートル北方に位置する一方、ソウルは40キロメートル南方に位置している。双方の首都ともに境界線から近い位置にあるが、特にソウルの北側は軍事作戦を展開する空間が限定され、防御に困難を伴う地理的条件下にある。但し、北朝鮮が半島西岸部を南下する場合、ソウル南部に至るには2つの河川を渡河する必要があり、地上侵攻においては大きな障害となる。米韓側から見れば、これらの河川は有用な防壁となっている。

(2) 北朝鮮の侵攻経路

戦車、自走砲などを伴う部隊が通行可能な南北をつなぐ経路には、3つの経路が存在する(図23)。第1はソウルへ最短で至る開城(ケソン)―汶山(ムンサン)ルートであるが、多くの平地は湿原または水田であるため、戦車などが展開するにはあまり適していない。第2は山間地を通過してソウルに至る鐵原(チョロン)渓谷ルートであるが、険路という戦術的に不利な地形を通過する必要がある。第3は東海岸を南進し江陵(カンヌン)から西進してソ

図23　南北経路と戦力配置状況

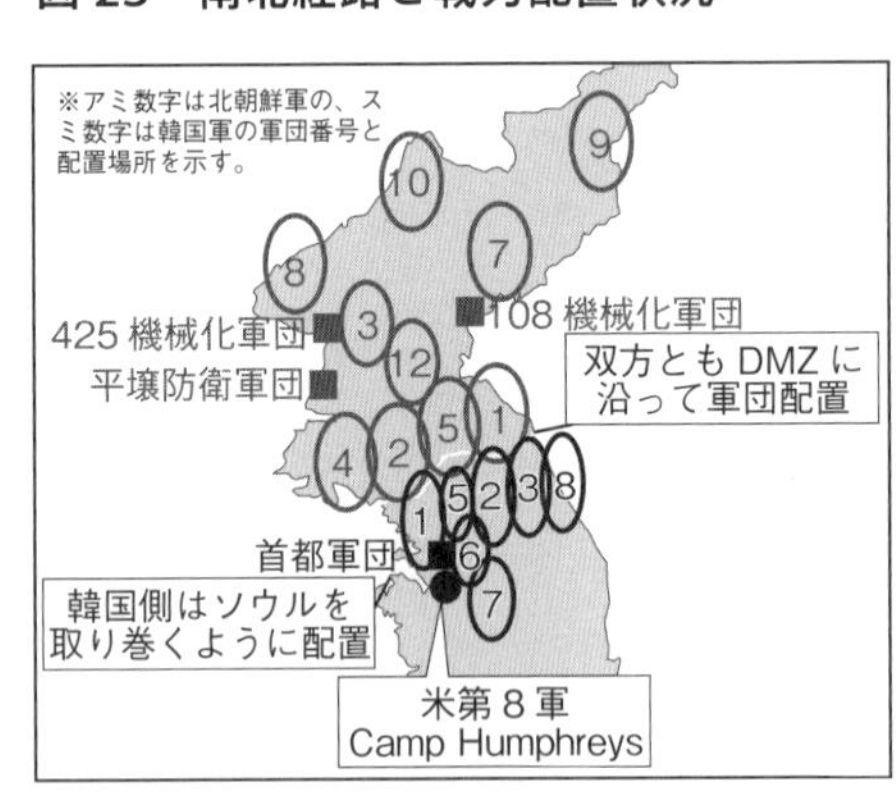

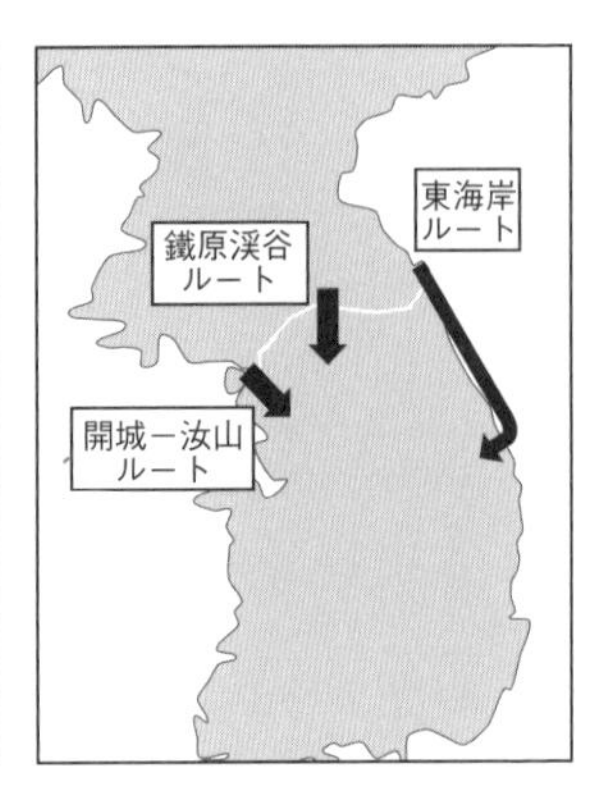

ウルに至る東海岸ルートであるが、ソウルのある西側へのアクセスには距離があり、最短で目指すのであれば山地を越える必要がある。

（3）北朝鮮の侵攻形態

北朝鮮側の作戦構想は、次の3つのフェーズから構成されると考えられている。第1フェーズは、ＤＭＺに沿った防衛ラインを突破して南進し、前方展開している米韓軍を攻撃し、無力化する。第2フェーズは、ソウルとその周辺地域を孤立させ、首都機能を麻痺させる。第3フェーズは、残存する米韓軍を掃討し、残りの半島を占領する。

南北の境界に沿って展開している北朝鮮の第1軍団、第5軍団、第2軍団と第4軍団は、最初に攻撃を行うとみられている。その任務は、ソウル北方の米韓連合軍を殲滅[109]することにある。任務達成後は、さらに前進して前線を押し上げて、米韓軍の撃破にあたる。なお、これらの4つの軍団の背後に位置する第１０８と第４２５機械化軍団の2つの軍団は、任務遂行上の戦略予備となる機動戦力となっている。その他の軍団、主として第3、第7、第8、と第9軍団は、後続部隊、占領部隊、後方防衛部隊などの役割を負っている。

（4）北朝鮮の軍団の構成

第1から第12までの10個ある軍団（これらは「正規軍団」と呼ばれている）は5個の自動車

化歩兵師団のほか、戦車旅団や砲兵旅団などの5個旅団等を統率する大きな軍組織であり、兵員規模は5万人を超える。他方、2つある機械化軍団は5個の機械化歩兵旅団のほか、自走砲旅団と軽歩兵旅団の2個旅団を統率する3万人規模の軍団となっている。[110]

北朝鮮の南進作戦では、北朝鮮は、さらに軍団間の連携を図るため、複数の軍団を統制する軍司令部を東西にそれぞれ1個ずつの計2個司令部を設けると見積もられている。例えば、ソウルのある東部での作戦では、前線で展開する第2と第4軍団に加え、機動戦力である第425機械化軍団、後続の第3と第8軍団を統率する司令部が置かれる可能性がある。

(5) 米韓側の戦力配置

北朝鮮側に対応する陸上戦力は韓国軍が主体となる。特に、陸上作戦で基幹となる機動戦闘部隊は韓国軍が51個旅団と大部分を占めており、在韓米軍の機動戦闘部隊はわずか1個旅団に過ぎない。しかし、米軍は空軍の攻撃機飛行隊を含め強力な火力を持つ戦闘支援部隊を有しており、北朝鮮の地上戦力を打撃し、その侵攻を遅滞する役割を果たす。また、米本土から増援戦力を受け入れるための組織や施設が置かれ、戦力規模を拡大する態勢が整備されている。

❶韓国軍

韓国軍は全部で8個の軍団を有しているところ、図23で示したとおり全ての軍団が非武装地帯（ＤＭＺ）の南部地域と首都ソウルの周辺の韓国北部地域に配備されている。従来、西側に配備されている首都軍団、第1軍団、第5軍団、第6軍団と第7軍団の5つの軍団は韓国第3野戦軍の指揮下にあり、また、東側に配置されている第2軍団、第3軍団と第8軍団の3つの軍団は韓国第1野戦軍の指揮下にあった。これは、北朝鮮が2つの大軍団で南進してくることに対応するものであった。しかし、韓国側優位に軍事バランスが傾く中、韓国国防当局は２００５年に「国防改革２０２０」を公表し、軍事改革路線を打ち出し、兵員の縮小、軍団の整理などとともに、第1野戦軍と第3野戦軍を単一の組織である地上作戦司令部に統合する計画を打ち出した。組織改編による戦力の空白化を懸念する声があったものの、２０１９年1月に2つの野戦軍を廃して地上作戦司令部が発足している。

旧第1野戦軍に所属していた軍団と旧第3野戦軍に所属していた軍団を比較すると、ソウルを含む北西部を担任する旧第3軍所属の方が戦力が充実している。韓国の軍団には機動戦闘部隊が概ね2個師団・1個旅団が配備されているが、旧第3軍隷下の首都軍団には3個師団、第1軍団には3個師団・2個旅団が配備されている。また、第7軍団は、機械化師団を指揮下に置いており、機動戦闘力が高い戦力構成となっている。第1軍団は、北朝鮮の軍団の5万人に迫る兵力規模であるが、その他の軍団の多くは北朝鮮の半分強の兵力規模となっている。

❷在韓米軍

在韓米陸軍には、軍団レベルの米陸軍第8軍司令部とその隷下の第2師団司令部が置かれているが、常駐実動部隊は、第2師団の下に多連装ロケット砲（MRL）連隊等からなる1個砲兵旅団と輸送・戦闘ヘリ大隊からなる1個戦闘航空旅団の2個旅団しか配備されていない。機動戦闘部隊として1個機甲旅団（ABCT）が配備されているが、本部隊は常駐ではなく、9か月ごとのローテーション配備となっている。[111] なお、韓国には、1個ABCT装備が集積されているので、情勢が緊迫した場合は、人員のみの空輸で急速に1個旅団を増強できる態勢になっている。

また、在韓米空軍は近接航空支援能力（自軍陸上部隊が対峙する敵地上部隊への航空機による攻撃能力）が高いのが特徴であり、対地攻撃能力を持つ3個のFGA飛行隊に加え、A－10低速攻撃機で構成される1個飛行隊が配備されている。特に、A－10（イメージ16）は戦車などの装甲装備に対し高い攻撃力を持っている。

イメージ16　A-10

（6）米韓の作戦計画（作戦計画5015）

現在の米韓側の対北朝鮮作戦は作戦計画5015に基づ

くとされている。本計画は、２０１０年の米韓安保協議会（ＳＣＭ）を受けて策定作業を開始し、２０１５年に米韓双方が署名したものである。

❶旧計画（作戦計画５０２７）

１９９０年代は、膨大な火砲と重機甲戦力（戦車や装甲車）により、北朝鮮の米韓軍に対する奇襲攻撃が成功し、首都ソウルが占領される可能性があるという見積もりの下で、米韓連合軍は北朝鮮の南侵を停滞させるべく防御作戦を展開し、米軍の来援を待って攻勢に転じて首都の奪回を含む北進作戦を行うことが計画されていた。

しかし、２０００年代以降は、北朝鮮軍の装備水準の継続的な低下と韓国軍の能力向上が相まって、ソウル周辺に展開する米韓軍の戦力によりソウルを保持可能であるか、または、少なくとも来援が到着するまで北朝鮮の南下を遅滞させることが可能であるとの見方が多数を占めるようになった。すなわち、米韓側に航空優勢がある状態で、装備の整った韓国の陸上戦力が展開する防衛ラインを北朝鮮側が突破することは困難であると考えられたのである。

特に、半島西側の2つのルートが通る地形は、幅約15キロメートル程度で水田や湿地が多く、夏季は重装備の車両の展開・移動が制限され、冬期は水田等が凍結するため車両の展開・移動が可能となるものの、ソウル全域を占領するには、いかなる経路を選択しても臨津河（イムジン）と漢江(ハンガン)(ソウルの中心部を西流する河川)で停滞せざるを得なくなる。米韓側は停滞する北朝鮮の陸上部隊を精密な砲撃と爆撃により撃破可能であると考えたのである。

❷新計画(作戦計画5015)

新計画は、北朝鮮による局地挑発から全面戦争までを想定したものになっているとされる。北朝鮮の南侵による全面戦争の際に防御と攻撃を同時並行的に実施するとしている点が旧計画と異なっており、米軍の来援前でも北朝鮮に対し攻撃を行うとしている。そして、情報収集能力(その多くは米軍に依存)と精密攻撃兵器の強化により、北朝鮮の攻撃と同時に米韓側が打撃する先制攻撃的な内容が含まれている。

この計画の背景には、朝鮮半島を取り巻く戦略環境の大きな変化がある。北朝鮮側が経済的停滞と国際的な制裁により装備の近代化が遅れた結果、韓国側にとっては北朝鮮の正規軍団の戦闘力よりも非対称戦闘能力や長距離打撃能力のほうが脅威となってきた。そのため、防御作戦での持久戦闘よりも、むしろ攻勢作戦で策源地(ミサイルの発射部隊等)を打撃する方が韓国側の損害を局限できるとの判断につながり、防御よりも攻撃が指向された新計画が策定されたのである。

北朝鮮の非対称戦力(弾道ミサイル戦力、特殊作戦部隊)

北朝鮮は、陸上戦力と航空戦力が相対的に弱体化する中、その国家資源を非対称戦力の拡充に投じている。注目を集めがちな弾道ミサイルだけでなく、特殊作戦部隊も高い脅威となりうる。

（1）弾道ミサイル戦力

北朝鮮は核兵器の開発を継続しているが、その成果物である核爆発装置の主要な運搬手段は地上発射の弾道ミサイルである。北朝鮮は短距離弾道ミサイル（SRBM）から大陸間弾道ミサイル（ICBM）までの幅広い弾道ミサイル・システムを配備しているが、少なくともSRBMと準中距離弾道ミサイル（MRBM）は戦力化に至っている。

北朝鮮の弾道ミサイル発射基の概況[112]としては、スカッドB／CなどのSRBMが30基以上、ノドンなどのMRBMが10基、火星14号などのICBMが6基以上と見積もられており、配備されているミサイル飛翔体は、スカッドが200発、ノドンが90発程度であるとされる。[113]SRBMは韓国と日本の一部、MRBMはほぼ日本全域を射程に収めており、ICBMは米国に脅威を与える射程となっている。

ミサイルは500キログラムから1000キログラムの弾頭重量を運搬可能であるが、北朝鮮の命中精度やミサイル数では、通常爆薬の弾頭は大きな脅威とならない。そこで、弾頭に搭載する大量破壊兵器、特に核爆発装置の存在が問題となる。核爆発装置自体は1940年代の技術で製造可能な装置であり、その小型化についても1950年代の技術であることから、北朝鮮は現在の一般的水準の汎用技術を用いて装置の小型化を実現していると考えるのが妥当である。[114] 北朝鮮は核兵器搭載の弾道ミサイルを保有する段階に既に至っているのである。

（２）米韓側の対抗措置（キル・チェーンとＫＡＭＤ）

北朝鮮のミサイル戦力に対しては、ミサイル防衛のため米陸軍がＴＨＡＡＤ中隊を韓国に配備したほか、韓国主導で「キル・チェーン」と「韓国型ミサイル防衛システム（ＫＡＭＤ）」の整備を進めている。キル・チェーンは、ミサイル発射の兆候を探知、識別し、短時間にミサイル発射機（ＴＥＬ）を含む北朝鮮のミサイルを攻撃・破壊するという部隊行動を含むシステムと組織が一体となった取り組みである。また、ＫＡＭＤは、下層防衛のための韓国独自のミサイル防衛システムであり、現行のＰＡＣ－２（改良型）に加え、ＰＡＣ－３の配備を前提にしている。[115] なお、キル・チェーンは核兵器攻撃に対する報復を念頭に置いた「大量反撃報復概念」と統合する形で、「戦略打撃体系」と再整理されているが、基本的な構造は同じである。

このキル・チェーンとＫＡＭＤは、作戦計画５０１５と同じ基盤に立っており、米韓連合軍体制に基づく米軍の情報収集能力と指揮通信システムへのアクセスを前提としている。早期警戒衛星を含む軍事偵察衛星、グローバルホーク、Ｘバンドレーダー（ＡＮ／ＴＰＹ－２）等の米軍のセンサーシステムの情報をもとに探知し、攻撃には統合地上監視目標攻撃レーダーシステム機（ＪＳＴＡＲＳ）等とリンクした米軍の指揮通信システムを利用することになる。

北朝鮮は１９６０年代から特殊部隊を逐次増強しており、その規模は総兵力８・８万人と推定されている。

（3）特殊部隊

特殊部隊は、重要施設の襲撃・破壊工作から、後方攪乱、標的の確定（ターゲッティング）、暗殺、誘拐、外国軍隊や韓国内の支援集団の教育訓練など幅広い任務を負っている。攻勢作戦においては、特殊部隊は、攻撃に先立ってＤＭＺの地下トンネルや海空などを経由して韓国側に侵入し、作戦を支援する。また、国内治安の維持任務も担っており、思想教育も徹底していることもあり、体制擁護と秩序維持に大きな役割を果たしている。

北朝鮮の特殊部隊は規模が大きく、平時においてはテロや破壊工作により韓国民衆の不安や混乱をあおる能力があるとともに、戦時においては米韓側の防衛ラインや後方地域の戦力を攪乱、破壊する能力を有しており、相対的に能力が低下している正規戦力を補う重要な戦力となっている。

国外で対外工作を行う偵察総局特殊部隊の8個大隊に加え、軍事的な作戦を実施する偵察大隊17個、陸上機動の軽歩兵旅団9個と狙撃旅団6個、航空機動の空挺旅団3個、空挺大隊1個と狙撃旅団2個、水陸両用機動の狙撃旅団2個が編成されている。

膨大な北朝鮮の予備戦力

（1）兵員の内訳

北朝鮮は約７５０万人の膨大な潜在的な兵員を擁している。その内訳は５７０万人の労農赤衛軍、１００万人の青年赤衛隊、60万人の予備役部隊と20万人の様々な準軍隊である。

このうち、予備役部隊は、退役軍人で編成された40個師団と18個旅団であり、短時間での戦力化が可能となっている。また、青年赤衛隊は学生で組織され、労農赤衛軍は市民[116]が職場などの組織単位で編成される。北朝鮮国民の軍役は、青年期に青年赤衛隊に属するところから始まり、60歳で労農赤衛軍を終えるまで続いており、ほぼ国民皆兵となっている。国民にする指導・教化は、この長期間の軍役を通じても行われており、体制維持の役割をも果たしている。

（2）米韓側の全面的侵攻シナリオ

北朝鮮に対する米韓の軍事的優位性が拡大する傾向の中にあっても、米韓側が北朝鮮に先制攻撃をかけて、平壌を占領して現政権を覆す選択肢は、現状ではほぼないと言ってよい。

ソウルの北50キロメートル付近に配備された火砲によるソウル地域への反撃による多大な被害の発生がその理由に挙げられることが多いが、北朝鮮が有する膨大な正規戦力と潜在的兵力もその大きな理由である。

正規戦では米韓側が優位であったとしても、北朝鮮領内への侵攻作戦の場合、地の利がある

100万人を超える北朝鮮の兵力を排除し、無力化することは極めて困難であるし、相当数の犠牲者を覚悟する必要がある。対イラク戦争においては、イラクの40万人の兵力は有志連合軍の圧倒的な火力を前にして多くが霧散・逃亡したものの、北朝鮮軍の場合は高い士気に基づく団結が維持される可能性が高い。さらに、750万人の潜在的兵員を考慮すると、軍事力により平壌を占領下に置き、維持・安定させる兵力を確保することは難しいと考えられる。[117]

まとめ

現状の米韓と北朝鮮の戦力バランスでは、双方とも軍事力による半島の統一は非現実的な選択肢となっている。通常戦力バランスでは、質的に勝る韓国の陸上戦力と航空戦力が米軍の火力や情報等の基盤に支えられて優勢になる一方、北朝鮮は、相対的な能力低下傾向が続く正規戦力を維持しつつ、非対称戦力に資源投入することでバランスの回復に努めている。双方の軍事的な膠着状態は今後とも継続すると予測され、優位性を求める双方の競争が非対称な形で継続すると見込まれる。

第5節　米軍のプレゼンス

東アジアにおける米軍兵力は、在日米軍約5・6万人、在韓米軍約2・9万人、グアム所在の米軍約８０００人の合計約９・2万人であり、インド洋から太平洋までを担当地域（ＡＯＲ）とするインド太平洋軍司令部（ハワイ）がこれら部隊を隷下に置いている（巻末別表1参照）。

在日米軍

在日米軍（ＵＳＦＪ［US Forces Japan］）の戦闘部隊は、インド太平洋軍の指揮下にあり、在日米軍司令官は在日米軍部隊を代表する立場にあるものの、日本に駐留する部隊の総司令官ではなく、部隊を束ねて指揮する立場にはない。これらの部隊を統率する指揮権はハワイのインド太平洋軍司令官にあり、任務所要が生じた場合は統合任務部隊（ＪＴＦ）が編成され、作戦指揮官が同司令官により任ぜられることとなる。

在日米軍の戦闘部隊の主力は海軍、空軍と海兵隊である。戦闘部隊は在日米軍と在韓米軍とが相互に補完する関係になっており、陸軍は韓国に主力部隊を置く一方、海軍と海兵隊は日本に所在している。空軍は即応性が重要であることに加え作戦行動半径の制限を受けるため、航空隊より上級レベルの部隊単位である番号付き空軍（Numbered Air Force）を日韓双方に配置している。韓国は戦闘機が主体であるのに対し、日本には戦闘機に加え幅広い任務をもつ支援機も併せて配備しており、在韓米空軍が機能を十全に発揮するには、在日米空軍の支援を必要とする構造になっている。

在日米軍兵員5・6万人のうち海軍が2・1万人、空軍が1・3万人、海兵隊が1・9万人を占めるが、陸軍は2650人に過ぎない。陸軍には1個前方展開司令部があり、来援する部隊の受け入れと指揮統制を行う。海軍は第7艦隊司令部が所在するほか、空母打撃群に加え、海兵隊と連携する強襲即応群（Naval Amphibious Ready Group）が置かれている。空軍は2個戦闘航空隊、作戦機110機（F-16、F-15とF-35A戦闘機）に加え、空中給油機、早期警戒機などの支援機が駐留している。海兵隊は、1個海兵師団のほか、第31海兵遠征ユニット（MEU）が沖縄に所在し、佐世保を定係港とする強襲揚陸艦と連携して任務を遂行する。

在韓米軍

在韓米軍（USFK［US Forces Korea］）は、米インド太平洋軍の隷下にある統合部隊として在韓米軍司令官の指揮下にある。法的には戦時下にあることもあり、同司令官は、在日米軍司令官と異なり、韓国に所在する米軍各部隊に対する指揮権を有しており、朝鮮半島における部隊運用に関する権能を有している。また、在韓米軍司令官は米韓連合軍司令官を兼ねており、戦時における韓国軍に対する指揮権[xvii]を有している。そのため、在韓米軍の司令部機能は高いレベルで維持されており、米韓連合司令部と相まって韓国軍部隊を含めた部隊の指揮統制機能を担っ

xvii　現在の指揮権は米軍にあるが、米韓安保協議会（SCM）で「戦時作戦統制権」の韓国軍への移管が決定されており、将来的には韓国軍の指揮権は米側から韓国側へ移ることになっている。時期は2020年代半ばとされている。

ている。

在韓米軍の戦闘部隊の主力は陸軍と空軍であり、兵員約2・9万人のうち陸軍が約1・9万人、空軍は約9000人を占めるが、海軍と海兵隊は各250人しかない。陸軍の戦闘部隊は、前述のとおり1個戦闘航空旅団（攻撃ヘリ等）と1個砲兵旅団が常駐し、1個機甲旅団（ABCT）がローテーション配備となっている。また、空軍は2個戦闘航空隊、作戦機84機（F-16戦闘機60機、A-10C対地攻撃機24機）が駐留しているが、機数として少ない上に支援機（空中給油機や早期警戒管制機など）は有していない。在韓米軍は朝鮮半島における統合部隊であるものの、現存する在韓米軍だけでの作戦行動は想定しておらず、海軍と海兵隊はもとより、主力である陸軍と空軍も来援する米軍部隊によって増強することが前提となっている。その意味で、米韓連合演習は来援米軍部隊の受け入れと作戦行動時の連携を訓練する機会であり、極めて重要な意義を持っている。

グアム所在米軍

グアム所在の兵力は約8000人と規模は小さいものの、前方展開を支える重要な戦力が配置されている。陸軍部隊としてはミサイル防衛戦力である1個THAAD中隊があり、海軍は巡航ミサイル原潜4隻を配備していたが、[118] 空軍は爆撃機をローテーション配備していたが、[118] 2020年にグアムから撤収させ、アメリカ本土から展開させる運用に切り替えた。[119] 但し、グアムの位置的な優位性から、情勢緊迫時には再び戦略爆撃機の拠点として使用されうるものと考えられる。

まとめ

東アジアは、軍事力の集積が世界で最も進んだ地域であり、前方展開する9・2万人の米軍兵力は決して大きな規模ではない。しかし、駐留米軍は、攻撃力と即応性を併せ持つ戦闘部隊が地域の同盟国等の部隊と連携することに加え、司令部組織や後方支援部隊が米本土からの来援部隊の受け入れ態勢を整えることにより、地域に強力な抑止力をもたらしている。そして、米軍の前方展開戦力は部隊の駐留国にかかわらず地域内で一体として機能するように配置されており、域内各国相互間の安全保障協力は、米軍の円滑な活動にとって極めて重要な要素となっている。特に、中国が軍事的に台頭する状況下にあっては、アジアには欧州のＮＡＴＯのような多国間枠組みは存在していないが、二国間協力をベースにした多国間の緊密な軍事協力関係はＮＡＴＯと同様に重要性が高いと言える。

第7章 軍事的対峙の現場その2——東欧

第2次世界大戦では、枢軸国のドイツがオランダ、ベルギー、フランスなどと戦った西部戦線と東部で行われた独ソ戦が大きな戦闘の舞台であったが、ドイツがＮＡＴＯに属している今日においては、中東欧諸国とロシアが接する地域が軍事対峙の現場となっている。ここでは、ＮＡＴＯ加盟国の東端を構成する地域としてポーランドを中心とした東欧北部とルーマニアを中心とした東欧南部を取り上げるとともに、ロシアにとって地政学的に重要な位置を占めるウクライナ東部地域について紹介する。そして、抑止力として大きな役割を果たしている米軍の展開状況をまとめる。

第1節 兵力の概況

表45は、東欧諸国の国力と兵員規模をロシアと比較したものである。

ウクライナは全体を通じて最大の兵員規模である約21万人を有しており、陸海空軍のいずれの軍種も東欧諸国では最大規模である。次いで兵員規模が大きく、NATO加盟国で最大規模なのは12万人の兵力を有するポーランドであるが、その規模はウクライナの2分の1強に過ぎない。ルーマニアはポーランドに次ぐ7万人規模の兵力を有しており、海空軍を含め戦力が充実している。なお、ロシアと同盟関係にあるベラルーシは4・5万人の兵力を有しており、域内では比較的大きな兵力となっている。

バルト三国はいずれも小国であるところ、比較的国力のあるリトアニアは2万人規模の兵力を有しているが、エストニアとラトビアは7000人弱の兵力しか有していない。

表45 東欧諸国の兵員規模と国力

国名		総兵員(千人)	予備役(千人)	国防費(ml$)	GDP比(%)	人口(千人)	GDP(bn$)
NATO加盟国	エストニア	7	12	658	2.1	1,236	31.0
	ラトビア	7	11	712	2.0	1,902	35.0
	リトアニア	21	7	1,090	2.1	2,762	53.6
	ポーランド	124		11,300	2.0	38,356	566
	スロバキア	16		1,870	1.7	5,443	107
	ハンガリー	28	20	2,080	1.2	9,799	170
	ルーマニア	70	53	4,960	2.0	21,381	244
	ブルガリア	37	3	2,130	3.2	7,012	66.3
NATO等と協力関係	ウクライナ	209	900	3,830	2.6	43,964	150
ロシアと同盟関係	ベラルーシ	45	290	650	1.0	9,503	62.6
ロシア		900	2,000	61,600	3.8	141,944	1,640

注①『ミリタリーバランス2020』による。総兵員等の兵員数は1000人（端数は四捨五入）、国防費は100万米ドル、GDPは10億米ドル、人口は1000人（単位未満切り捨て）を単位としている。②国防費とGDPは2019年の数値。GDP比は国防費のGDP比率（%）を示す。③国防費に関しては、NATO加盟国はNATO基準の国防支出、ウクライナとベラルーシは国防予算、ロシアは国防支出。

対するロシアは、東欧最大のウクライナの4倍以上の兵員規模となっており、国力も含め圧倒的であり、東欧諸国はいずれも単独でロシアに対抗することは困難となっている。欧州とロシアを連絡する陸上経路は北部回廊と南部回廊の2つがあるが、NATO加盟国のうち、北部回廊に位置するバルト三国とポーランド、南部回廊の出入り口となるルーマニアはロシアの脅威を受けやすい位置にある。これらの国々は、危機意識が高いため、国防費にGDP2・0パーセント前後と比較的多くの資源を充てて防衛力の強化を計っているほか、初動時に独力での対応が困難であるため、NATOや米国との二国間の枠組み[120]を利用して外国の軍隊を受け入れ、防衛態勢を整えている。また、クリミア半島の領有権や東部地域を巡ってロシアと対立するウクライナは、GDPの2・6パーセントを国防費に充てつつ、NATOと米国から軍事的支援を受けるなどして、態勢の強化を図っている。

第2節　米国・NATOとロシアとの対峙の前線

NATOとロシア相互の侵入経路には陸路と海路がある。まず、海路はバルト海または黒海経由となるが、この海路は海峡によって閉ざされており、ロシアから見ると海峡地域をまず支配下に置かなければ軍事利用しにくいものとなっている。そこで、通常戦力による抑止を考える場合、陸路の確保が非常に重要となる（図24）。そして、陸路は、北部回廊、すなわち、ロシア西部国境からバルト三国、ベラルーシまたはウクライナ北部を経由してのポーランド・ドイツ方面へと続く大平原地帯の北部の連絡路と、南部回廊、すなわち、同じくロシア西部国境からルーマニア・ブルガリアを経てハンガリー、チェコ、ドイツへと至る南部の連絡路の2つが重要となる。NATOの東端を構成する加盟国は、北はバルト三国から南はブルガリアまで8か国を数えるが、地形的な要素を考えると、NATOにとってポーランドが軍事的には最重要であり、次いでルーマニアが重要となる。他方、ロシアにとってはベラルーシとウクライナ（特にウクライナ東部）が軍事的に重要となる。第2次世界大戦時は実際に北部回廊と南部回廊の双方が軍事侵攻の経路として使用されており、その重要性は今日も変わっていない。また、ウクライナは北部にも南部にも進出可能な地理的位置を占め、NATOとロシアの双方にとって地政学的に重要な国となっている。

図24　東端のNATO加盟国と侵入経路

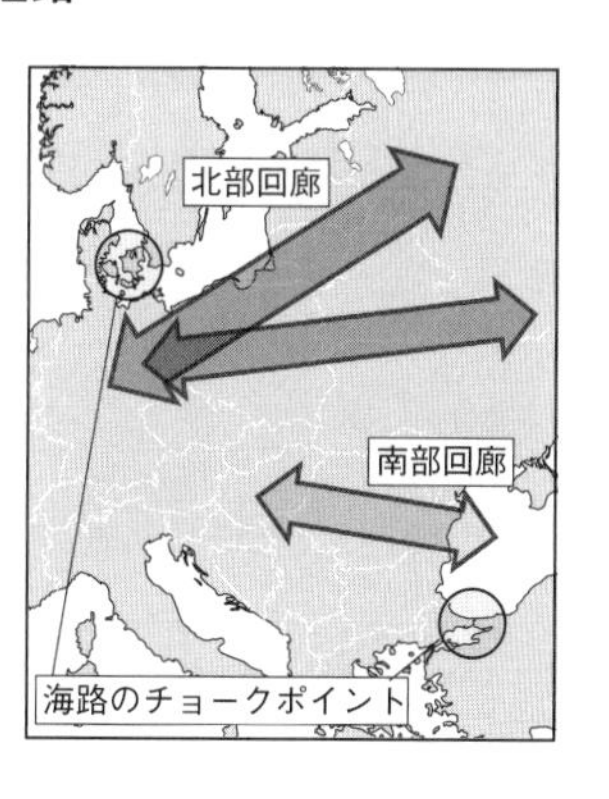

北部回廊

ロシアと直接国境を接するバルト三国には、NATOの枠組みで外国軍部隊である機動戦闘部隊がそれぞれ1個大隊ずつ配備され、NATOのプレゼンスをロシアに示している。しかし、通常戦力による抑止として重要なのは、北部回廊の中央を占めるポーランドとその後背地にあるドイツの戦力である。予想される作戦形態としては陸上戦闘を航空機部隊が支援する形となるため、ロシア側はロシア西部軍管区とベラルー[121]シの、NATO側は在ポーランドと在ドイツの陸上戦力と航空戦力を取り上げて、双方を比較した

表 46　東欧北部地域の戦力バランス

種別		ロシア西部軍管区	ベラルーシ	ポーランド			ドイツ		
					米軍	NATO		仏軍	米軍
陸軍	司令部	3個軍団	2個地域軍		1個師団、1個旅団	1個軍団	2個軍団（NATO）		1個陸軍、1個師団
	機甲	7		3	1個大隊	1個大隊	3		2個大隊、1個旅団装備
	機械化	5	4	9			2	1	1
	軽歩兵			2（航空機動）			1		
	対地ミサイル	3							
	防空	3		3個連隊		1個中隊			1
空軍	要撃機	2	1	1			6		1
	戦闘攻撃機	4		3			4		
	攻撃機	2	1						
	輸送機	2	1				3		1
	攻撃ヘリ	8	0.5	1（陸軍）			2（陸軍）		2（陸軍）
	防空	7個連隊	2個旅団、6個連隊	1個旅団			4個群（8個中隊相当）		
	空挺	7					1（陸軍）		

注①『ミリタリーバランス 2020』による。②数値は、陸軍部隊と空挺部隊が旅団数、空挺を除く空軍部隊が飛行隊数を単位とし、その他のものには助数詞等を付した。③ベラルーシ、ポーランドの戦闘機の1個飛行隊規模は15機前後であるため、0.6個飛行隊に換算（端数切捨て）。

（表46）。ロシアによるクリミア「併合」以降、ロシアの軍事力に対するＮＡＴＯ側の脅威感が高まってはいるが、戦力バランス自体はＮＡＴＯ側にかなり有利な状況となっている。

（1）陸上戦力

ロシアは、戦車を主体とする機甲部隊を3個師団・1個旅団で7個旅団規模、歩兵戦闘車を主体とする機械化部隊が1個師団・3個旅団で5個旅団規模であり、機動戦闘部隊は合計12個旅団規模となっている。また、司令部組織も充実しており、3個軍団司令部を整え、広範な戦域を指揮統制する能力を有している。同盟国のベラルーシは4個機械化旅団を有している。

ポーランドは、機甲部隊が1個師団で3個旅団相当であり、機械化部隊は3個師団で9個旅団相当となっており、加えて航空（ヘリ）機動の軽歩兵2個旅団の合計14個旅団規模となっている。さらに、米国とＮＡＴＯのコミットメントを明確にするため、米軍は1個機甲大隊に加え、ＮＡＴＯ1個大隊（米軍）[xviii]が展開している。また、戦域の統制のため、ＮＡＴＯの

---

xviii　ＮＡＴＯの「前方プレゼンスの強化」（ＥＦＰ）は、16年のＮＡＴＯ首脳会議で決定された。具体的内容は、バルト三国とポーランドの4か国にそれぞれ1個大隊規模の多国籍部隊をローテーション展開するものであり、17年に展開を完了している。カナダ、独、英と米の4か国がそれぞれ1か国を受け持ち、その担当国に基幹部隊を派遣している。エストニアは英国、ラトビアはカナダ、リトアニアはドイツ、ポーランドは米国が担任し、それぞれ1個大隊規模、合計4個大隊の多国籍機動部隊が展開している。兵員は１０００人規模で、大隊本部、3個程度の戦闘中隊と支援部隊によって構成されている。

軍団司令部[122]に加え、米軍の1個師団司令部と1個旅団司令部が置かれている。

東欧北部地域だけで見た場合、ロシア軍の方が戦車を主体とした機甲部隊が多いものの、部隊規模では、ロシア軍の12個旅団相当（ベラルーシを加えて16個旅団）に対し、ポーランドは14個旅団（米軍を加えて14・5個旅団相当[123]）の規模であり、双方がほぼ均衡している状態にある。しかし、ポーランドの西側に位置するドイツには、独軍の2個機甲師団と1個歩兵師団（航空機動）の7個旅団に相当する戦力に加え、米仏軍の2個旅団の合計9個旅団相当の戦力が置かれており、ポーランドに所在する戦力と合わせると23・5個旅団となり、16個旅団のロシア側を凌駕することになる。すなわち、冷戦期と異なり、陸上戦力ではＮＡＴＯ側がかなり有利な状況となっている[124]。このような状況はロシアに危機感を抱かせるものであり、ロシアがカリーニングラード（ポーランド領とリトアニア領によって隔てられたロシアの飛び地の領土）にイスカンデル・システムなどの対地ミサイル装備を配備する動機を生み出す要因の一つとなっている。

（2）航空戦力
ロシアは、西部軍管区では第6空軍を配し、Ｓｕ‐30ＳＭなどの要撃機やＳｕ‐34などの攻撃機からなる4個飛行連隊[125]（8個飛行隊に相当）を配備している。なお、ベラルーシは4個飛行隊（比較の観点では2個飛行隊相当）を保有している。他方、ＮＡＴＯ側のポーランドはMiG－29A／UB戦闘機やF－16C／Dマルチロール機などからなる7個飛行隊（比較の観点では4個飛行隊相当）を保有している。

東欧北部地域のみで見た場合、ベラルーシを含むロシア側が10個飛行隊、ポーランド側が4個飛行隊でNATO側が劣勢となっている。しかし、米軍も含む在ドイツの航空戦力である11個飛行隊を加えて運用可能であることを勘案すると、航空戦力においてもNATO側が15個飛行隊で10個飛行隊のロシア側より優勢である。

南部回廊

ルーマニア正面の南部回廊にロシアがアクセスするには、ウクライナ南部の陸路経由と黒海の海路経由の2つがあるが、いずれも迂遠な経路となるため、直接侵入可能な北部回廊に比し重要性は劣る。しかし、西欧とロシアをつなぐ回廊として、現在も軍事的有用性を残している。

南部回廊は海路からの接続があるため、陸空軍だけでなく海軍を加えて、ロシア南部軍管区と東欧南部のNATO加盟国等との戦力を比較した（表47）。

（1）陸上戦力

ロシアは、機甲部隊が1個師団・5個旅団の7個旅団相当、機械化部隊が1個師団・3個旅団の5個旅団相当であり、機動戦闘部隊は合計12個旅団規模となっている。また、司令部組織

表 47　東欧南部地域の戦力比較

種別		ロシア南部軍管区	ルーマニア			ブルガリア		ハンガリー	スロバキア	イタリア	
				米軍	NATO		米軍				米軍
陸軍	司令部	3個軍団	2個師団※	1個大隊	1個師団					1個軍団	
	機甲	7		1個中隊	1個中隊				1		
	機械化	5	5※	1個中隊		2	1個中隊	2	1	2個師団	
	軽歩兵		2※		1	1個連隊				1個師団	
	対地ミサイル	2									
	防空	4	3個連隊※							3個連隊	
海軍		黒海艦隊									第6艦隊
	潜水艦	7								8	1
	主要水上戦闘艦	7	3			4				19	4
	コルベット艦	13	4								
	戦闘機	1								1	
	対潜機	2				2機				5	1
	海軍歩兵	2	1個連隊							2個連隊	200人
	対艦ミサイル	2個旅団									
空軍	要撃機/戦闘攻撃機	7	3		1個飛行小隊	1		1	1	8	2
	攻撃機	8	1							2	
	輸送機	2	2			1		1	1	4	
	攻撃ヘリ	5				1		1		2(陸軍)	
	防空	5個連隊	1個旅団					1個連隊	1個旅団	2個中隊	
	空挺	3	1個大隊			1個大隊					1(陸軍ABBCT)

注①『ミリタリーバランス2020』による。②数値は、陸軍、海軍歩兵と空軍空挺が旅団、海軍艦艇が隻数、海軍と空軍の航空機が飛行隊数を単位とし、その他のものには助数詞等を付した。③ルーマニア陸軍（※）は、NATO指定部隊を除き、充足率は低く、40-70%とされる。

として3個軍団司令部を置き、広範な戦域を指揮統制する能力を保持している。

これに対し、黒海を挟んでロシアと対峙するルーマニアは、機甲部隊はNATOと米軍の各1個中隊に過ぎず、機械化部隊は5個旅団あるものの、充足率が低く、実質的には米軍等を含めて3個旅団相当である。このほか、3個歩兵旅団（NATO多国籍部隊を含む。実質的には2個）を有している。司令部機能としては、NATOの1個師団、ルーマニアの2個師団司令部が置かれている。米国はアトランティック・リゾルブ作戦として、大隊規模の司令部機能を置いた上で、前述の1個機甲中隊に加え、1個機械化中隊と1個ヘリ飛行小隊を展開している。NATOは南東師団司令部[126]と南東旅団[127]が展開している。また、ルーマニアと同じく黒海を挟んでロシアと接するブルガリアは2個機械化旅団を有している。そして、ハンガリーとスロバキアはルーマニアを西方から支援可能な地政学的な位置関係にあり、ハンガリーが2個機械化旅団、スロバキアが1個機甲旅団と1個機械化旅団を有し、合計4個旅団規模となっている。

東欧南部地域だけで見た場合、戦車を有する機甲部隊ではロシア軍が7個旅団に対してNATO側が2個旅団未満であり、圧倒的にロシア側が優位ではある。しかし、ロシアがルーマニアに至るには地理的に黒海を経由する海路か、またはウクライナを経由する陸路を利用せざるを得ない地理的条件から、ロシアの重装備の機甲部隊が容易にルーマニアに進出できる環境ではない。機甲部隊よりも軽装備の機械化部隊に関しては、ロシア側が5個旅団規模であるのに対し、ルーマニア3個旅団相当、ブルガリア2個旅団とハンガリー・スロバキア3個旅団の合計8個旅団規模であり、実態的な軍事バランスはNATO側優位である。さらに、NATO側はルーマニアが軽歩兵部隊を3個旅団（2個旅団相当）保有している。

（2）海上戦力

黒海は、NATO側とロシアを隔てており、双方にとって陸上戦力の障害となる一方、海上戦力の接近を可能にする環境となっている。14年のクリミア「併合」によりロシアの軍事拠点が西に動いた結果、黒海西方域が軍事対峙の前線となっている。

ロシアは黒海艦隊を黒海に配し、潜水艦7隻と巡洋艦をはじめとする主要水上戦闘艦7隻に加え、13隻ものコルベット艦を配備し、対艦攻撃のため1個飛行隊と2個対艦ミサイル旅団を置いている。

これに対し、ルーマニアは駆逐艦3隻とコルベット艦4隻、ブルガリアはフリゲート艦が4隻であり、対潜機はブルガリアが対潜ヘリを2機保有しているに過ぎず、海上戦力ではロシアに全く及ばない。このため、米軍とNATO加盟国海軍艦艇が定期的に黒海に進出し、黒海におけるプレゼンスの維持に努めている。最近では、19年4月、NATO多国間演習として「シー・シールド19」[128]を実施している。

また、黒海に比較的近いイタリアは潜水艦8隻と主要水上戦闘艦19隻を保有しているほか、同国には米欧州海軍司令部と第6艦隊司令部が置かれており、第6艦隊を主力とする海上戦力を黒海に展開することも可能である。これらの戦力を考慮すると、黒海における海上戦力バランスは、必ずしもロシアが圧倒的に優位であるとは言えない。

（3）航空戦力

ロシアは、南部軍管区では第4空軍を置いて、Su-30SM要撃機やSu-34攻撃機などからなる7個飛行連隊1個飛行隊（15個飛行隊に相当）を配備している。これに対し、NATO側の黒海沿岸国では、ルーマニアには、F-16A/BやMiG-21戦闘攻撃機（マルチロール機）からなる4個飛行隊があり、ブルガリアにはMiG-29A/UB戦闘機からなる1個飛行隊を保有しており、合計5個飛行隊が配備されている。また、ハンガリーとスロバキアを合わせて2個飛行隊（実質的には1個飛行隊相当）が置かれている。さらに、NATO側は「領空警備の強化（Enhanced Air Policing）」として、航空戦力強化のための1個飛行小隊（4機〜5機）がルーマニアに展開している。

東欧南部地域のみで見た場合、ロシア側が15個飛行隊であるのに対し、NATO側は黒海に面するルーマニアとブルガリアとで5個飛行隊、ハンガリーとスロバキアを加えても6個飛行隊規模で大幅な劣勢となっている。しかし、航空戦力の柔軟な展開能力に鑑みると、イタリアに存在している航空戦力が大きな意味を持つ。イタリア空軍が10個飛行隊、在伊米軍が1個航空隊（2個飛行隊）の合計12個飛行隊が比較的近傍に存在しており、これを考慮すると、ＮＡＴＯ側が18個飛行隊でロシア側15個と戦力的には均衡もしくは優勢となってくる。

ロシアとしては、このようなＮＡＴＯ側の航空戦力を意識せざるを得ず、クリミア半島にＳ－４００などの防空ミサイルを配備している。

まとめ

ＮＡＴＯの東側境界を構成する東欧諸国は、それぞれの国単独では90万人の兵力を擁するロシアに対抗し得ず、地理的条件に恵まれたスロバキアを除きＮＡＴＯと米国との連携を模索せざるを得ない状況にある。

ロシアと東欧の地政学的環境では陸上戦力の果たす役割が大きいところ、ポーランド周辺の北部回廊ではＮＡＴＯ側はロシア側と陸上戦力が拮抗しており、ルーマニア周辺の南部回廊でも、ウクライナがロシアに協力しない前提では、ロシア側と拮抗する状況となっている。

海上戦力と航空戦力をも視野に入れた場合、ポーランドやルーマニア配備の戦力はロシアに対し劣勢であるが、後背地であるドイツやイタリアにあるＮＡＴＯや米軍の戦力をロシアに意識させることにより、ロシアに対する通常戦力による抑止が成り立っている。

第3節　ロシアが緩衝地域としたいウクライナ東部

ウクライナ東部を巡る紛争に関しては、２０１９年12月にパリで和平協議が行われ、ウクライナのゼレンスキー大統領とロシアのプーチン大統領は戦闘停止の措置を取ることで合意するなど、一定の落ち着きを取り戻しつつある。状況の変化に応じるかのように、親ロシア武装勢力の戦力は減少傾向にある。

ウクライナは、資源に恵まれておらず、経済的な制約から軍備の近代化が十分に進展していないものの、19年のＧＤＰの伸び率は３・０パーセントと着実に経済成長しており、軍需産業の蓄積もあることから将来的には軍事的能力が大きく向上する可能性を秘めている。そして、ウクライナはＮＡＴＯ加盟[129]を目指し、米軍とＮＡＴＯはウクライナ軍事改革を支援する関係[130]に大きな変化はないことに鑑みれば、ロシアのウクライナに対する警戒感は依然高まった状態にある。ウクライナがＮＡＴＯに加盟すれば、バルト三国との境を超える長い国境線をＮＡＴＯと接することになり、ロシアの軍事的なストレスははるかに高まることになる。ロシアとしては、このようなストレスを少しでも減少させるため、ウクライナとの間に緩衝地域を設けることには利益がある。

表48は、ロシア南部軍管区とウクライナ軍の戦力を比較したものである。ロシア軍の西部軍管区と南部軍管区はともにウクライナと接していることから、ロシア軍のウクライナを指向する戦

力は、双方の軍管区から抽出される可能性が高いが、西部軍管区はポーランド・バルト三国方面対処と首都モスクワ防衛の任が大きいと考えられるため、ここでは便宜上、比較的余裕がある南部軍管区の戦力と比較する。

陸上戦力

ロシア南部軍管区の機動戦闘部隊は、7個機甲旅団と5個機械化旅団の合計12個旅団規模相当であり、司令部組織としては3個軍団司令部を整えている。また、ロシアに協力的な親ロシア武装勢力は、

表48　ウクライナ東部を巡る戦力の比較

種別		ロシア南部軍管区	武装勢力	ウクライナ
陸軍	兵員	（7万人）	2万人	14.5万人
	司令部	3個軍団		4地域軍
	機甲	7	1個大隊	3
	機械化	5		11
	軽歩兵		6	5
	対地ミサイル	2		1
	防空	4	1個大隊	4個連隊
海軍		黒海艦隊		
	潜水艦	7		
	主要水上戦闘艦	7		1
	コルベット艦	13		1
	戦闘機	1		
	対潜機	2		1個飛行小隊規模
	海軍歩兵	2		2
	対艦ミサイル	2個旅団		
空軍		第4空軍		
	要撃機／戦闘攻撃機	7		4
	攻撃機	8		2
	輸送機	2		3
	攻撃ヘリ	5		2（陸軍）
	防空	5個連隊		6個旅団、4個連隊
	空挺	3		5

注①『ミリタリーバランス2020』による。②数値は、陸軍、海軍歩兵と空軍空挺が旅団、海軍艦艇が隻数、海軍と空軍の航空機が飛行隊数を単位とし、その他のものには助数詞等を付した。③ロシアの陸軍兵員数は、陸軍の総兵員数を配備軍団数に応じて配分した参考値。

6個軽歩兵旅団の戦力を有している。
これに対し、ウクライナは、機甲旅団が3個、機械化旅団が11個と歩兵旅団が5個の合計19個旅団規模であり、司令部組織としては4個地域軍司令部を有し、広域作戦も可能な態勢をとっている。
ウクライナ軍は、14年のクリミアを巡る不甲斐ない対応から弱兵の印象があるが、戦力規模としては東欧地域で最大規模であり、機甲・機械化部隊では14個旅団でロシア南部軍管区の12個旅団を超える戦力を保持している。さらに、ウクライナは5個軽歩兵旅団を有しており、ウクライナ東部の親ロシア武装勢力の6個歩兵旅団の戦力にも対応可能である。全体的には、ウクライナは、武装勢力を含むロシア側とほぼ同等かもしくは若干上回る戦力となっている。

海上戦力

ウクライナ海軍は、14年のロシアによるクリミア「併合」の際に壊滅的打撃を受けており、水上戦闘艦艇はフリゲート艦1隻とコルベット艦1隻の計2隻、対潜部隊は対潜ヘリ7機（1個飛行小隊規模）の戦力しかなく、独力でロシアの黒海艦隊に対抗することは困難である。

航空戦力

ロシア南部軍管区は15個飛行隊に相当する戦闘機部隊を保持している。これに対し、ウクライナはＭｉＧ－29戦闘機などからなる4個旅団に加え、Ｓｕ－25攻撃機などからなる2個旅団を保有しており、規模としてはロシア南部軍管区の3分の1強の6個飛行隊相当となっている。[131]

航空戦力の規模では、ウクライナはロシアに対し大幅に劣勢であるが、6個旅団・4個連隊規模の防空部隊がＳ－３００防空ミサイル・システムを２５０基備えるなどして防御を固めているため、ロシア側からの航空機侵入は容易ではない。

まとめ

ウクライナは兵力規模が大きく、ロシアが全面的に軍事制圧することは困難である。他方、ウクライナの地政学的位置はロシアにとって極めて重要であるため、ロシアはウクライナに対する軍事的足場または緩衝地帯として東部地域への関与を継続するものとみられる。なお、親ロシア武装勢力の勢力範囲に関しては、ロシア軍が正規に介入しない前提では、その戦力差から拡大の可能性は低く、むしろ政府軍の能力向上に伴い、勢力範囲が縮小する可能性が高い。

ロシア軍の南部軍管区の陸上戦力に匹敵するウクライナの陸軍戦力やロシア側の航空戦力の防壁となりうる同国の戦闘機と防空部隊は米国とＮＡＴＯにとって極めて魅力的であることから、米国等はウクライナへの支援をロシアを過度に刺激しない範囲で継続すると考えられる。

第4節　米軍のプレゼンス

ポーランド、ルーマニアとウクライナ

米国は、欧州におけるミサイル防衛の要であるイージスアショアを対ロシアの要衝であるポーランド・ルーマニア両国に配備するとともに、NATO枠組み以外の二国間枠組みで米軍部隊を追加的に展開している。図25はポーランドとルーマニアにおける米軍とNATO部隊の展開地を示したものである。米軍は、ポーランドではロシアのカリーニングラードの戦力を意識して、最もロシアから遠いドイツ国境付近に部隊を展開している。ルーマニアに関しては、米軍は、ロシア軍が所在するクリミア半島に近いものの、海で隔てられている黒海沿岸に部隊を展開している。

このような米軍の存在は、拠点となる恒常的な戦力の前方展開地（ドイツとイタリア）よりも深くロシア側に踏み込むものであり、東欧諸国の安堵につながる反面、

図25　ポーランド及びルーマニアの米軍等

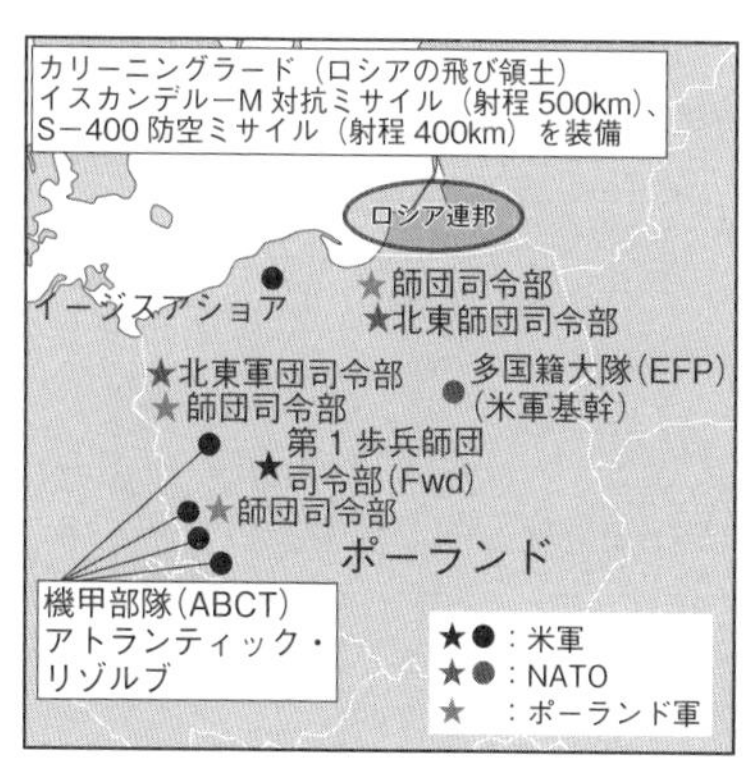

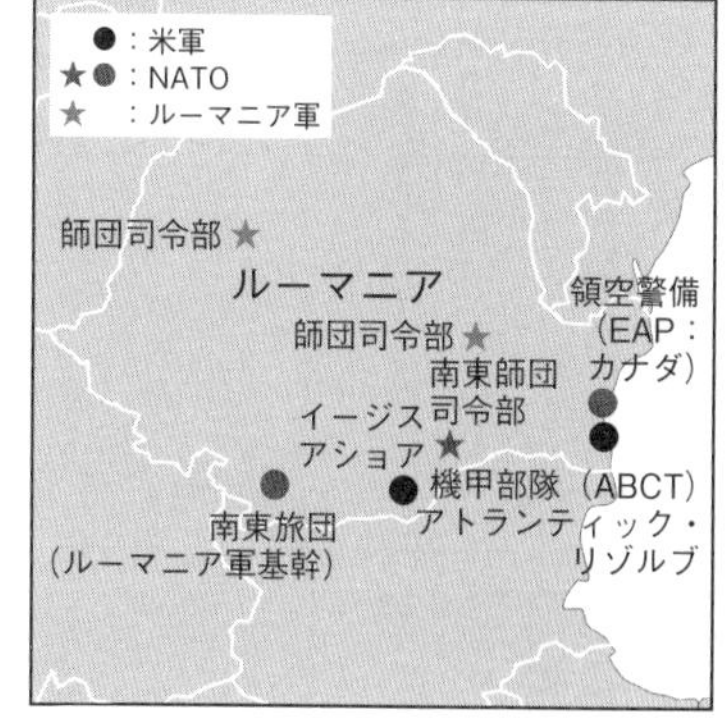

ロシア側の警戒感を高めるものとなっている。

また、米軍はウクライナに教育訓練要員を派遣している。ロシアを過度に刺激しないよう配慮があるためか、ポーランドとリトアニアからの要員66人を加えた286人体制でJMTG－U（統合多国籍訓練グループ―ウクライナ）を形成している。さらに、米国は年間2000万ドルの軍事援助をウクライナに供与している。

欧州全体

欧州における米軍兵力は、約7万人の常駐兵力と約5000人の暫定的展開兵力から成っている。常駐兵力は、主力の戦闘部隊をドイツ、イタリアと英国に置きつつ、他のNATO加盟国に支援部隊等を分散して配置している。常駐兵力約7万人のうち、在独米軍が約3・9万人で最も多く、次いで在伊米軍約1・3万人、在英米軍1万人となっている（巻末別表2参照）。

欧州においても、米軍の主力戦闘部隊は欧州全体で相互に補完するよう配備されており、陸軍はドイツに、海軍はイタリアに、空軍はドイツ、イタリアと英国に分散して配備する形をとっている。なお、欧州には海兵隊の主力となる戦闘部隊は配置されていないが、迅速な展開を可能とするためノルウェーに1個海兵遠征ユニットの海兵装備セットが事前集積されている。

また、14年のロシアによるクリミア「併合」を受けて、米国は米陸軍部隊を9か月ごとに米本土からローテーション展開する「アトランティック・リゾルブ作戦」を独自に行っている。具体的には機甲旅団（ＡＢＣＴ）、戦闘航空旅団（ヘリ）に加え、遠征補給部隊を展開している。主力となる機甲旅団を構成する部隊の展開先は、バルト三国、ポーランド、ハンガリー、チェコ、スロバキア、ルーマニア、ブルガリアなどの東欧に加え、ノルウェーやギリシャなどの国も含まれている。兵員数は３５００人規模で、戦車85両と歩兵戦闘車１２０両を含む２０００両近い車両を伴っている。[132] 戦闘航空旅団の兵員は１７００人、補給部隊は９００人となっている。

まとめ

米軍は、西欧においては重厚に配備されて十分なプレゼンスを示しているが、東欧においては５０００人規模と比較的希薄であり、後背地における米軍戦力を意識させることによりロシアに対する抑止が成り立っている。また、ＮＡＴＯへ傾斜するウクライナには実動部隊を置かずに教育訓練の形で支援を行うなど、ロシアを過度に刺激しない配慮を見せている。

なお、欧州における米軍の前方展開戦力は、東アジアと同様、部隊の駐留国にかかわらず一体として機能することが前提となっているところ、地域的な集団的安全保障体制であるＮＡＴＯの枠組みがその一体性を支える基盤となっている。

第8章 軍事的対峙の現場その3——中東

中東での軍事対峙は、前述の東アジアと欧州と異なり、米軍を軸にした米中ロの軍事大国間の戦略的対立構造は見られない。米国が支援する湾岸アラブ諸国とイランの対峙や、米国と事実上の同盟関係にあるイスラエルとアラブ国家の対峙など、米国は地域の対立構造に関与しているものの、シリアなど不安定な国家の存在やイスラム教の宗派問題から、域内の国家関係は独自の流動性を持っている。そして、アラビア半島とその周辺地域で構成される中東は、世界において軍事力の集積が進んでいる地域の一つとなっており、各国が自らの意思で動員できる軍事力は国家の相互関係を大きく変化させる可能性を持つ。

このような環境の下、エジプト、トルコとイランはアラビア半島部の国家に比し非常に大きな軍事力を有しており、地域に与える影響は非常に大きい一方、サウジアラビアなどの産油国は経済力を背景に戦力の充実に努め、イスラエルはアラブ民族との対立の構図の中でユダヤ人国家の生存をかけて防衛に注力している。

第1節　兵力と国力の概況

中東各国に関して、総兵員数をもとに国防費と人口・国内総生産（GDP）を整理すると、中東の力関係がよく見えてくる（表49）。イラン、エジプト、トルコ、サウジアラビア、イスラエルの5か国が域内の軍事大国であり、これに近年大きく兵員数を増加させたイラクとシリアを加えた7か国が大きな軍隊を保有している。そして、アラビア半島を東西と北から取り囲んでいるイラン、エジプトとトルコの大陸国家の戦力規模は、半島国家の規模を大きく上回っており、イラン61万人、エジプト44万人、トルコ36万人となっている。

表 49 中東諸国の兵員規模と国力

国名	総兵員（千人）	予備役（千人）	国防費（ml$）	GDP 比（%）	兵員比（%）	人口（千人）	GDP（bn$）
イラン	610	350	17,400	3.8	0.73	83,993	459
エジプト	439	479	3,350	1.1	0.43	101,776	302
トルコ	355	379	8,100	1.1	0.44	81,648	744
サウジアラビア	227		78,400	10.1	0.67	33,631	779
イラク	193		20,500	9.2	0.47	41,204	224
イスラエル	170	465	19,300	5.0	1.98	8,550	388
シリア	169		—	—	0.81	20,893	—
ヨルダン	101	65	1,690	3.8	0.94	10,669	44.2
アラブ首長国連邦	63		—	—	0.64	9,843	406
レバノン	60		1,930	3.3	0.98	6,100	58.6
オマーン	43		8,970	11.7	1.20	3,564	76.6
イエメン	40		—	—	0.14	29,282	29.9
クウエート	18	24	6,400	4.6	0.59	2,955	138
カタール	17		—	—	0.69	2,406	192
バーレーン	8		1500	3.9	0.56	1,474	38.2

注①『ミリタリーバランス 2020』による。総兵員等の兵員数は 1000 人（端数は四捨五入）、国防費は 100 万米ドル、GDP は 10 億米ドル、人口は 1000 人（単位未満切り捨て）を単位としている。「－」は不明を表す。②国防費と GDP は 2019 年の数値。GDP 比は国防費の GDP 比率（%）であり、兵員比は総兵員の人口比率（%）を示す。なお、国防費はトルコを含め国防予算の数値。

この中東外縁部の3か国は、いずれも8000万人を超える人口を有し、相応する大きな軍隊を支えている。他方、イスラエルは6番目に大きな軍隊を持つが、人口900万人弱に過ぎず、総人口に占める兵員の比率が際立って高くなっている(2パーセント。日本の場合0・2パーセントであり、イスラエルは日本の約10倍)。

GDPでは、サウジアラビアが最大の7800億ドルであり、次いでトルコが7400億ドルとなっている。イラン、アラブ首長国連邦（UAE)、イスラエルと続くが、いずれも4000億ドル前後のGDPであり、軍事力を整えることができる経済力を有している。軍隊規模に比し、経済力が大きいサウジアラビアとイスラエルはその資源を高性能の装備に回しており、海上戦力や航空戦力の充実に努めている。なお、UAEは、兵員数は6万人規模ではあるがGDPは4000億ドルもあり、経済的に余裕があることが活発な軍事行動につながっている。

総じてアラビア半島の国々は、軍事大国に囲まれているせいかGDPから大きな資源を割いて国防費に充てる傾向がある。サウジアラビアは、GDPの10パーセントを国防費に充て784億ドルと世界第3位の国防費となっている。また、イラクの対GDP比は9パーセント、イスラエルは5パーセントといずれも高い。これに対し、大陸部にあるイランは国防費の対GDP比が3・8パーセントと比較的高いが、エジプトとトルコは同1・1パーセントと低くなっている。

第2節　ユダヤ対アラブという伝統的な対立構造

イスラエルは4次にわたる中東戦争を行い、アラブとの対立の中で国家体制を形成した。パレスチナ人問題解決に向けた中東和平プロセスが試みられ、UAEやバーレーンが新たにイスラエルと国交を正常化するなどしているものの、ユダヤ人国家イスラエルとアラブ人国家の対立構造は今もなお残っている。

イスラエルの国防の前線としては、シリアとの境のゴラン高原の兵力引き離し地域、レバノンとの北部国境、ヨルダンとの東部国境、エジプトと接するシナイ半島との境の西部国境がある（図26参照）。これらの国境を接する国との戦力バランス面では、戦力規模の大きいエジプトとシリアとの関係が重要であるところ、エジプトとは米国の仲介による平和条約が結ばれ（1978年のキャンプ・デービット合意）[133]、両国国境は安定している一方、イスラム教シーア派のイランの影響を受けるシリア国境では未だ緊張状態が継続している。[134]また、アラブとの対立構造の中では、地域の軍事大国であるイラン[135]やサウジアラビア、そして非アラブではあるが世俗主義イスラム教国のトルコとの関係が重要となる。

イスラエルを巡る紛争においては、中東諸国の海上戦闘行動の可能性が低いため、陸空作戦を念頭にイスラエルと周辺国の陸上戦力、航空戦力に加え、対地ミサイル戦力を考察する。

陸上戦力

表50は陸上戦力の現況をまとめたものである。イランとサウジアラビアには正規軍以外の大きな陸上戦力が存在し、イスラエルでは40万人にも及ぶ予備役部隊が組織化されている点に留意する必要がある。

司令部組織に関しては、エジプトとトルコは大規模な陸軍兵力を保有していることもあり、エジプトは師団編制を維持し、トルコは師団編制を一部残しつつ、旅団化した部隊等を束ねる9個軍団とさらに軍団を統括する4個軍という2つのレベルで司令部組織を設けており、高い広域作戦指揮能力を持っている。イランとイスラエルは、旅団を部隊編制の基本としつつも、管区の司令部に加えて師団司令部組織を設けており、部隊運用能力が高い組織形態となっている。サウジアラビア部隊は旅団編制であり、これらを束ねる5個地域司令部を置いている。

陸上戦闘の主力となる機甲、機械化、軽歩兵部隊等

図26　中東各国の地政学的位置関係

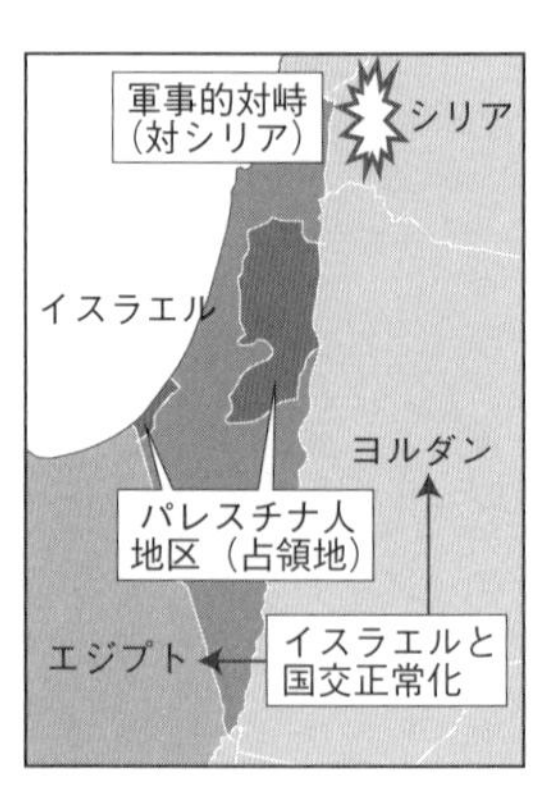

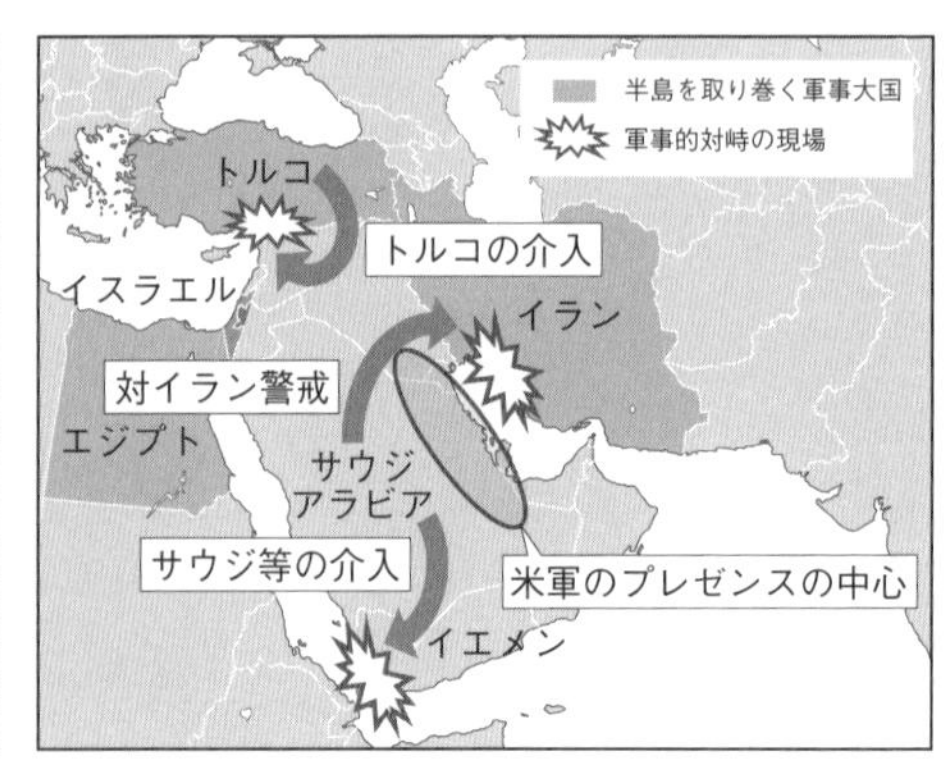

の機動戦闘部隊の旅団数を比較すると、正規軍では、エジプト、トルコとイランはそれぞれ52個、40個と34個、イスラエルは8個相当、サウジアラビアは11個となっており、大陸部の国家の戦力が格段に大きい。しかし、イランでは革命防衛隊[136]、イスラエルでは予備役部隊の陸上戦力[137]を正規軍に加えると、イランは57個、イスラエルは41個となり、イランはエジプトやトルコより戦力的に大きく、イスラエルは両国に匹敵する規模となる。サウジアラビアの戦力は国家防護隊[138]を合計しても22個旅団程度であり、5か国の中では規模が小さい。なお、ヘリコプター機動力に関しては、輸送ヘリを200機以上保有するトルコが高い能力を有している一方、戦車や歩兵戦闘車に対し高い攻撃力を有する攻撃ヘリは、5か国ともほぼ同等の機数を保有している。

航空戦力

表51は空軍等の戦力をまとめたものであるが、航空作戦の主力となる戦闘機の機数はエジプトが374機と若干突出しているものの、他の4か国は270機から320機で拮抗している。しかし、第4世代機以降の航空機で比較した場合、イスラエルが320機、サウジアラビアが290機弱の水準で、次いでトルコとエジプトが260機程度となっているが、イランは79機に過ぎず、航空作戦能力は他の4か国に比し低くなっている。さらに航空作戦には早期警戒管制機や空中給油機など支援機による支援が不可欠なところ、所要の支援機を保有しているのはイスラエル、サウジアラビアとトルコの3か国となっている。

表 50　中東の陸上戦力比較

国名等	イスラエル		エジプト	トルコ	イラン		サウジアラビア	
	常備軍	予備役			陸軍	革命防衛隊	陸軍	国家防護隊
兵員（万人）	12.6	40	31	26	35	15	7.5	10
管区	3 個軍団			4 個軍	5 個地域軍	31 個地域（県）軍団	5 個地域	
集団軍師団司令部	7 個師団司令部、1 個防衛司令部	4 個師団司令部	※ 13 個師団司令部	9 個軍団、※4個師団司令部	11 個師団司令部	※ 10 個師団司令部		
機甲	3	9	17	10	8	6	4	
機械化	4、1 個大隊	8	28	20	14		5	5
軽歩兵	2 個大隊	16	5	10	12	17	2	6
航空襲撃			2					
空挺	1	4	1	1	1	1	1	
砲兵	3	5	15	6	5 個グループ		3	
電子戦	1 個ユニット							
攻撃ヘリ	43		75	86	50		35	12
多用途ヘリ			72	28			21	35
輸送ヘリ	81		96	227	167		58	23

注①『ミリタリーバランス 2020』等による。数値は、兵員が 1 万人、部隊が旅団数、航空機が機数を単位とし、その他のものには助数詞等を付した。②師団司令部のうち、※は師団編制に伴う機動戦闘部隊の師団司令部の数を示す。③エジプトとトルコの 1 個師団は 3 個旅団に、イラン革命防衛隊の 1 個師団は 1.5 個旅団に、サウジの国家防護隊 3 個大隊は 1 個旅団に換算。

表 51　中東の航空戦力比較

国名	イスラエル	エジプト	トルコ	イラン	サウジアラビア
兵員	34 千人	30 千人(空軍) 80 千人(防空)	50 千人	18 千人(空軍) 12 千人(防空)	20 千人(空軍) 16 千人(防空)
固定翼作戦機	354	584	310	333	429
要撃機	58	62	27	184	81
戦闘攻撃機	266	312	283	87	207
攻撃機				39	67
うち第 4 世代機	324	263	264	79	288
偵察機	6	12	6	6	14
電子戦機			2		
電波収集機	4	2			2
早期警戒管制機	4	7	4		7
空中給油機	10		7	3	15
輸送機	65	82	90	116	47
防空ミサイル	21 個中隊	128 個大隊、40 個中隊（防空）	4 個大隊、6 個中隊、8 個ユニット	20 個大隊、5 個中隊（防空）	6 個大隊、33 個中隊（防空）
長距離	— (PAC-2, 6 個中隊)	—（S-300）	32（S-400, 4 個大隊） —（Nike, 4 個中隊）	42	108
中距離	数基	612	—（Hawk, 8 個ユニット）	195	128
短距離	30	160		279	181

注①『ミリタリーバランス 2020』による。数値は機数または基数を基本とし、その他のものには助数詞等を付した。なお、防空ミサイルの基数が不明な場合、「—」で示した。②兵員数には、空軍と防空コマンドが別組織の場合は、それぞれの兵員数を記載。③固定翼作戦機は戦闘能力を有する航空機の機数を示しているが、その数には表に記載していない訓練機のうちの作戦投入可能な機種を算入しているため、表中の航空機合計数と符合しない場合がある。

また、1967年の中東戦争（六日戦争）において、イスラエル空軍の先制攻撃作戦によりアラブ国家（エジプト、シリア、ヨルダン、イラク）の航空戦力が大打撃を受けた経験から[139]、アラブ国家はイスラエルを意識して防空戦力に大きな兵力を充てている。エジプトとサウジアラビアは防空コマンドを置いてそれぞれ兵員8万人と1・6万人を配しており、防空ミサイルをいずれも800基超[140]を保有している。また、イランも劣勢な航空戦力を補うため、防空ミサイルの配備に注力しており、最大射程200キロメートルのS-300防空ミサイルを含め防空ミサイル・システムを多数配備している。なお、トルコは防空ミサイル・システムの近代化に遅れ、旧式のミサイルであるナイキやホークを運用しており、その換装のためロシア製のS-400ミサイル・システムの導入に至っている。

弾道ミサイル戦力とミサイル防衛

1991年の湾岸戦争において、イラクがイスラエルに対しスカッドミサイル「アル・フセイン」を発射したことが知られているが、中東は陸上発射の対地弾道ミサイルを保有する国が多い地域であり、これらのミサイルに対処するため一部の国はミサイル防衛（MD）に力を入れている。

表52は、中東諸国の弾道ミサイルとMDシステムの配備状況をまとめたものである。非対称戦略をとっているイランは、ミサイル戦力が充実しており、陸軍と革命防衛隊空軍に比較的多数

の短距離弾道ミサイル（SRBM）と準中距離弾道ミサイル（MRBM）を配備している。

サウジアラビアはSRBMを保有しない一方、射程の長い中距離弾道ミサイル（IRBM）とMRBMを中国から導入している。バーレーンとアラブ首長国連邦（UAE）は米国からSRBMであるMGM－140ATACMS（Army Tactical Missile System）を導入しており、UAEは加えてスカッドミサイルも保有している。

アラブ国家に囲まれるという不利な地政学的位置にあるイスラエルは、戦略・戦術抑止のため核弾頭のIRBMに加え、核弾頭と通常弾頭の双方に使用可能なSRBMを保有しているとされる。

MDに関しては、イスラエルがイランのシャハブ3（北朝鮮のノドンに相当）を意識した

表52　対地ミサイルとMDシステムの配備状況

種別	SRBM -1,000km	MRBM 1,000-3,000km	IRBM 3,000-5,000km	MDシステム
バーレーン	— （ATACMS）			
イラン	30（陸軍） 100以下（革命防衛隊）	50以下 （革命防衛隊）		32（空軍） （S-300PMU2）
イスラエル	7（核対応）		24（核）	24（Arrow 2/3）
サウジアラビア		数基	10	108 （PAC-2 GEM/PAC-3）
シリア	— （Scud- B/C/D等）			
アラブ首長国連邦	6（Scud-B x6） —　（ATACMS）			—　（PAC -3） 12（THAAD）
イエメン反政府軍	— （SS-21、Scud-B等）			

注①『ミリタリーバランス2020』による。数値は発射機の基数、「—」は保有しているが数量不明を表す。②イスラエル以外のミサイルは通常弾頭を装備。

ＭＲＢＭ迎撃能力を有するアローミサイル・システムのほか、シリアやレバノンのヒズボラを意識したＳＲＢＭ対処能力を有するアイアン・ドームを配備し、戦略拠点の防衛に努めている。また、ＵＡＥは、イランからの脅威を念頭に米国からＰＡＣ－３に加えＴＨＡＡＤを導入するなど、ＭＤに積極的である。サウジアラビアはイエメンのホーシー派部隊からの弾道ミサイル攻撃に対処する必要性に迫られ、ＰＡＣ－２ＧＥＭランチャーにＰＡＣ－３ミサイルを装填し、弾道ミサイルに対応している。

他方、イランはＳ－３００防空システムを導入することでミサイル防衛能力を一部整備し、湾岸アラブ諸国等のミサイル戦力に備えている。

まとめ

中東においては、大陸部にあるトルコとエジプトが総合的かつ大規模な陸空戦力を保有している。また、イランは、戦力規模が大きいものの、経済制裁などにより装備の近代化が遅れ、航空戦力が周辺国に比し劣後しているため、対外的に陸上侵攻する能力は限定的である。しかし、戦力規模の大きさは外国の陸上侵攻に対する高い抵抗力となる一方、弾道ミサイル等の非対称作戦能力による反撃能力を備えている。サウジアラビアは質の高い航空戦力を保有するとともに一定規模の陸軍を保有しているが、広い国土の防衛の必要性から国外への兵員派遣には限界がある。このような中、ユダヤ対アラブという対立構造を抱えるイスラエルは、優れた航空戦力を通常戦力による抑止の中心に据えつつ、陸軍戦力を予備役を含めて大きく見せることにより抑止効果を高め、さらには最終的な抑止手段として核兵器を保有することにより抑止を実現している。

イランが非対称戦略として弾道ミサイル戦力の強化を進め、さらに核開発の余地を残す現状においては、イスラエルと湾岸アラブ諸国は対立の一方で、対イラン対処という軍事目的では利害が合致している。また、これらの国々はイランのミサイル戦力を意識して、弾道ミサイルの導入やミサイル防衛の充実に努める可能性が高い。

第3節　局地的な軍事バランス

中東における軍事対峙の現場としては、前述のイスラエルを巡るもののほか、トルコが軍事介入するシリア北部地域、湾岸アラブ諸国とイランが対峙するペルシャ湾、そして、サウジアラビアが盟主となってアラブ諸国から部隊を募り軍事介入するイエメンがある。

シリア北部

トルコは、クルド人勢力の拡大を阻止するためシリアに軍事介入を行い、２０１６年の「ユーフラテスの盾」作戦と２０１８年の「オリーブの枝」作戦の結果、トルコと国境を接するシリア北西部にトルコ軍駐留地域を確保した。この２つの作戦では、トルコが後ろ盾となっている反体制派武装勢力が前線で戦闘し、トルコ陸軍第2軍第6軍団所属の戦車大隊による火力支援や特殊部隊の誘導に基づく空軍機による空爆支援が行われたとされる。

２０１９年10月、トルコ軍はシリア北部国境付近で「平和の泉（Operation Peace Spring）」作戦を開始し、地上部隊がシリア領に侵攻し、クルド人武装組織との戦闘が発生した。その後、クルド人勢力の北部国境から撤退を受けて、トルコは北部の町タルアブヤド（Tal Abyad）とラスアルアイン（Ras al-Ain）の間の東西に約１２０キロ、南北に32キロに伸びる「安全地帯」を掌握するに至った。その後、トルコとロシアの合意に基づいて、同「安全地帯」にロシア軍が駐留してパトロール活動を行っている。

シリアに展開するトルコ軍部隊は２０１７年には５００人規模の1個特殊作戦中隊、1個戦車中隊（戦車20両程度）と1個砲兵ユニット程度にとどまっていたが、２０１８年には2個機甲旅団と治安維持部隊を含む５０００人規模に増強され、「平和の泉」作戦後は１０００人規模に縮小している。[141]

表53は、トルコ、シリアと在シリア・ロシア軍の戦力を示したものである。トルコ軍のシリア領内での展開は比較的小規模であるものの、トルコ軍駐留地域に隣接するトルコ領には第6軍団の主戦力である第5機甲旅団（所在地・ガジアンテプ）、第39機械化歩兵旅団（所在地・イスケンデルン）と第１０６砲兵連隊（所在地・イスラーヒエ）が駐屯している。この第6軍団を含めトルコ南方域全体を担任する第2軍は、その他に第4軍団と第7軍団を指揮下に置いており、

表 53　シリア北方の陸空戦力比較

国名	トルコ	シリア	ロシア
陸軍兵員	26 万人	13 万人	5 千人（空軍含む）
管区	4 個軍		
集団軍	9 個	5 個	
特殊作戦	9.5〔4〕	6	
機甲	10〔2〕	7	
機械化	20〔5〕	17	
軽歩兵	10〔2〕		1
砲兵	6〔1.5〕	6	
攻撃ヘリ（機）	86	24	12
汎用ヘリ（機）	28	54	
輸送ヘリ（機）	227	27	4
空軍兵員	50 千人	15 千人 20 千人：防空コマンド	
園定翼作戦機	310	236	
要撃機	27	64 （Mig-29:30）	
戦闘攻撃機	283 （F-16:260）	118	10 （Su-34:6, Su-35S:4）
攻撃機		39	10
偵察機	6		1
電子戦機	2		
早期警戒管制機	4		
空中給油機	7		
輸送機	90	23	
防空ミサイル	4個大隊（S-400）、 4 個大隊（Nike）、 8 個ユニット（Hawk）	4 個師団（S-125 等）、 3 個連隊（S-200/300）	1 個中隊（S-400）、 1 個中隊（S-300）

注①『ミリタリーバランス 2020』等による。数値は、陸軍が旅団数、空軍が航空機の機数を単位とし、その他のものは括弧書きまたは助数詞等で示した。②トルコの 1 個師団は 3 個旅団に、 2 個連隊を 1 個旅団に換算。シリアの特殊作戦部隊は 2 個連隊を 1 個旅団に換算、機甲と機械化部隊の師団等は優先的に兵員が充足されている部隊以外は 3 分の 1 の勢力として旅団に換算。ロシアの 1 個戦闘団と 3 個大隊は 1 個連隊相当として、それぞれ 0.5 個旅団に換算。③空軍の要撃機と戦闘攻撃機欄の括弧書きの機種は第 4 世代機の機数（内数）。なお、シリアの航空機の稼働率は 40%以下とされる。④トルコ陸軍の欄中の〔〕内の表記は、トルコ陸軍第 2 軍の戦力を示す。⑤本表記載のほか、シリアには反政府勢力として、SDF（クルド人） 5 万人、SNA（アラブ人とトルクメン人） 2 万人と HTS（アルカイーダ系） 2 万人規模の兵員がおり、また、外国勢力として、ヒズボラの 7000 -8000 人、イランの 3000 人の兵員がいるとされる。

計9個旅団[142]という多数の機動戦闘部隊を運用しうる能力を有し、シリアに対し大規模な軍事介入ができる態勢を保持している。

これに対し、シリアは長期間継続した内戦により装備の稼動率が低下していると考えられるものの、部隊規模は依然大きく、増強も続いており、陸軍の機動戦闘部隊は24個旅団相当[143]で防空戦力も充実している。シリアは、反体制武装勢力を撃滅し得る能力に加え、トルコ軍を抑止しうる最低限の能力を保持している。但し、トルコ正規軍との戦闘に発展した場合、シリア側は装備の劣勢から人員・装備とも相当大きな損耗を覚悟する必要がある。

シリアを支援するロシア軍の機動戦闘部隊は小規模ではあるが、戦車、多連装ロケット砲、大砲、対地弾道ミサイル、地対艦ミサイル、戦闘機、戦闘ヘリ、多目的ヘリ、地対空ミサイルなど、多種多様な装備をシリアに展開しており、特に、攻撃ヘリ、戦闘攻撃機と攻撃機の航空火力はシリア軍に対し局地的に十分な支援を行い得るものとなっている。

なお、トルコと対峙するクルド人主体のシリア民主軍（SDF[144]）は5万人と推定されている。[145]兵員数は多いものの、主力となる装備としては、少数の旧式のソ連製の戦車T－55・T－72や歩兵戦闘車BMP－1などがあるだけであり、機甲旅団や機械化旅団などの機動戦闘部隊を構成するには至っていない。ゲリラ戦や市街地戦闘には優位であっても、正規戦の戦力としては火力が不足しており、大規模な作戦においては米軍等の支援は不可欠となっている。SDF単独ではトルコ陸軍の正規部隊と対峙する能力は限定的である。

ペルシャ湾（対イラン）

ペルシャ湾とアラビア海をつなぐシーレーンは、ホルムズ海峡がチョークポイント、すなわち封鎖可能な狭い海上交通路となっており、その北側はイラン領であることから、イランには限定的な軍事作戦として海峡封鎖を行うという選択肢が存在する。実際、米国がイラン産原油輸入禁止措置を公表したことを受け、2018年7月、イランのロウハニ大統領はホルムズ海峡の封鎖の可能性を示唆[146]し、同年8月、イランの革命防衛隊はホルムズ海峡で大規模な軍事演習を行った。

イランとサウジアラビア等の湾岸アラブ諸国が、ホルムズ海峡の封鎖を巡り軍事的に対峙した場合、作戦にはサウジアラビア、UAE、バーレーン、クウェートとオマーンが参加する可能性があるところ、クウェートを除く湾岸諸国はイランとは国境を接しておらず、ペルシャ湾を挟んでイランに臨むため、湾岸諸国の海上戦力と航空戦力が重要な意義を持つ。

表54と表55は、イランと上記5か国の海上・航空戦力を比較したものである。航空戦力ではアラブ諸国が第4世代機を多く保有し、防空ミサイルも十分配備されていることから、アラブ国家のみでイランの航空戦力への対処が可能とみられる。他方、海上戦力では、サウジアラビアが駆逐艦をはじめ大型の水上戦闘艦艇を保有しているものの、イランは革命防衛隊を含め兵員3・8万人の態勢でミゼット潜水艦、高速ミサイル艇、地対艦ミサイルなどの非対称作戦能力を有し

ており、海上戦闘においてはアラブ国家側が必ずしも優位とは言えない戦力状況となっている。

　また、直接の戦闘に至らなくとも、イランは潜水艦、高速艇やヘリコプターを用いて機雷敷設を行い、海峡封鎖が可能であるが、掃海艦艇数はサウジアラビアの3隻とUAEの2隻とわずかであり、アラブ湾岸諸国のみでの対処には限界がある。対イランを考えた場合、中東に展開する米軍は湾岸諸国が有していない機能や不足する機能を補完しており、イランの高速艇等の非対称戦力の排除や掃海艦艇によるシーレーン啓開（機雷

表 54　ペルシャ湾を巡る航空戦力の比較

国名		イラン	サウジアラビア	UAE	クウエート	バーレーン	オマーン
空軍兵員		30 千人	36 千人	4.5 千人	2.5 千人	1.5 千人	5 千人
戦闘機		333	429	156	66	38	63
	要撃機	184（F-14：43、Mig-29：36）	81（全機 4 世代機）			12	
	戦闘攻撃機	87	207（全機 4 世代機）	137（同左）	39（同左）	20（同左）	35（同左）
	攻撃機	39	67	23			
偵察機		6	14	7			
電子戦機							
電波収集機			2	1			
早期警戒管制機			7	2			
空中給油機		3	22	3	3		
輸送機		116	47	24	5	12	19
防空ミサイル		546	817	—	52		
	長距離	42	108（PAC-2/3）		40		
	中距離	195	128	—（PAC-3 等）			
	短距離	279	181	50	12		—

注①『ミリタリーバランス 2020』による。空欄は保有なしで、「—」は保有するも基数が不明であることを示す。助数詞等の付してない数値は機数または基数。②イランとサウジアラビアの兵員数には、それぞれ防空軍 18 千人と防空コマンド 16 千人を加算。要撃機、戦闘攻撃機の括弧内には第 4 世代機の状況を記述。③戦闘機数には表に記載していない訓練機のうちの作戦投入可能な機種を算入しているため、航空機合計数が符合しない場合がある。

除去）等の能力を有している（巻末別表3のバーレーンの米軍駐留部隊参照）。

イエメン

イエメンは、アラビア半島では人口が3番目に多い国で2900万人を擁している（前掲表49参照）。これはサウジアラビアと同規模の人口であり、アラブ国家主体で構成する外国軍の派遣部隊でイエメン全土を軍事的に制圧することは戦力的に無理がある。実際、内戦に軍事介入しているサウジアラビア等はイエメン政府軍戦力の支援を中心に作戦を行っているに過

表55　ペルシャ湾を巡る海上戦力の比較

国名等		イラン		サウジアラビア	UAE	クウェート	バーレーン	オマーン
		正規軍	IRGC					
海軍等兵員		18千人	20千人	13.5千人	2.5千人	2千人	0.7千人	4.2千人
潜水艦		19						
	SSK	3						
	SSC	1						
	SSW	15						
海軍航空隊		2.6千人		—				
	哨戒機							4（空軍）
	多用途ヘリ			34				
	対潜ヘリ	10			7（統合航空隊）			
水上戦闘艦				7	1		1	3
	駆逐艦			3				
	フリゲート			4	1		1	3
警備艇		68	126	32	42	20	12	10
	コルベット	7		4	10		2	2
掃海艦艇				3	2			
輸送艦艇		23	5	5	19	6	9	6

注①『ミリタリーバランス2020』による。助数詞等の付してない数値は隻数または機数。「—」は不明を示す。② SSKは通常型潜水艦、SSCは沿岸でのみ行動可能な小型潜水艦であり、SSWは超小型のミゼット潜水艦。③イランの項目中のIRGCは革命防衛隊であり、海軍航空隊の兵員数は海軍の内数。④サウジアラビアの多用途ヘリとオマーンの哨戒機は対艦ミサイルを装備可能。

ぎない。反政府軍の主力はホーシー派の武装勢力であるが、ホーシー派はイスラム教シーア派の流れを汲むザイド派擁護を掲げる一派であり、イエメンのザイド派人口をその背景にしている。イエメン2900万人のうち30パーセント程度がザイド派人口と見られており、約900万人が母体となっていると考えられる。

表56で示したとおり、政府軍の陸上戦力は20個機械化旅団であるのに対し、反政府軍の戦力も最大で20個機械化旅団規模となっており、双方の戦力は拮抗している。但し、政府軍の戦力は複数の武装勢力の寄せ集めであり、政府の直接の指揮下にある戦力は少数にとどまっている。

政府側を支援するため軍事介入しているのは、主導するサウジアラビアを筆頭にバーレーン、エジプト、クウェート、スーダンとアラブ首長国連邦（ＵＡＥ）のアラブ諸国であり、サウジアラビアとスーダンがイエメン国内に地上部隊を展開し、その他の国はサウジアラビアの基地を拠点に戦闘機による空爆を行っている。また、ＵＡＥは紅海を挟んで対岸にあるエリトリアに地上部隊と輸送艦を配置している（表57）。

表 56　イエメンでの陸上戦力現況

政府軍 （ハーディ大統領）	政府軍 4 万人：最大で 20 個機械化旅団（支援武装勢力含む） 戦車：M60A1、 T-72 等数両、装甲車：BTR -60 等
反政府軍 （ホーシー派等）	2 万人：最大で 20 個機械化旅団 戦車：T-55・T-72 等、 装甲車：BTR-60 等、 SRBM：スカッド等、 地対艦ミサイル：C-801 等
サウジアラビア	2,500 人：2 個装甲戦闘団等 M60A3 戦車、 AH-64D 戦闘ヘリ、PAC-2/3 2 基等
スーダン	950 人：1 個機械化戦闘団 T-72AV 戦車、 BTR-70M 装甲車

注：『ミリタリーバランス 2020』による。なお、本表における戦闘団は大隊を基幹とする戦闘部隊であり、米軍の旅団戦闘団（BCT）とは規模が異なる。

内戦初期においては、ホーシー派に肩入れする共和国防衛隊（The Republican Guard：親サレハ元大統領）が火力に勝る戦車と歩兵戦闘車を装備した1個旅団規模の戦力を投入したことにより、反政府側が政府側を圧倒していた。２０１７年12月のホーシー派によるサレハ元大統領殺害を受け、共和国防衛隊の戦力は分裂し、ホーシー派に残留する勢力とハーディ大統領・サウジアラビア主導の政府軍・アラブ連合軍の側に回った勢力に分かれ、現在の双方の戦力拮抗状態に至っている。[147]

沿海部等の平地での戦闘を考えた場合、政府軍に加え新鋭の戦車を備えたサウジアラビアの陸上戦力に攻撃ヘリと戦闘機による近接航空支援（空爆）の組み

表 57　政府側を支援する外国軍部隊の展開状況

		部隊所在地			
		サウジアラビア	アラブ首長国連邦	イエメン	エリトリア
部隊派遣国	バーレーン	250 人：特殊作戦部隊、F-16C 6 機			
	エジプト	F-16C 6 機（UAE から移駐）	撤収（F-16C 6 機）		
	ヨルダン	F-16AM 6 機（UAE から移駐）	撤収（F-16C 6 機）		
	クウェート	FA -18A 4 機			
	モロッコ		撤収（F-16C 6 機）		
	サウジアラビア			2,500 人：2 個装甲戦闘団等	
	スーダン	Su-24 3 機		950 人：1 個機械化戦闘団	
	アラブ首長国連邦	F-16E 12 機		2020 年 2 月に撤退（3,000 人：1 個司令部、2 個装甲戦闘団等）	1,000 人：1 個装甲戦闘団、輸送艦 2 隻等

注：『ミリタリーバランス 2020』と同 2018 による。撤収等の記述は 2020 版と 2018 版との比較で異動があったものを記述。なお、本表における戦闘団は大隊を基幹とする戦闘部隊であり、米軍の旅団戦闘団（BCT）とは規模が異なる。

合わせで政府側が戦闘を有利に行うことが可能である。しかし、山間の戦場では政府側は火力の優位を活かすことができず、戦闘員の補充に有利な反政府軍の方が逆に優位であると考えられる。イランによる武器支援の実態は明らかではないが、携帯型対空ミサイル(MANPADS)等の対空装備等の提供は政府側作戦をより困難にさせると考えられる。

また、戦争指導を巡ってもサウジアラビアとUAEには立場の相違があると考えられ、サウジアラビアは弾道ミサイル攻撃やドローン攻撃を防止するための拠点の撃破を優先しているのに対し、UAEは秩序回復、南イエメン分離独立運動のコントロールやアルカイダの撲滅を優先しているとの指摘もある。[148] UAEは、2019年7月、同国のイエメン駐留部隊を縮小し、2020年2月に陸上戦力をイエメンから完全撤退させ、サウジアラビアと一線を画す動きを見せている。

図27は、[149] 2020年6月時点の支配地域の状況を示したものであるが、依然としてホーシー派支配地域は首都サヌアを含む西部内陸部の山間部を中心に広がっており、2018年に政府側がイエメンの重要港であるホデイダ[xix]を勢力下に奪還するため臨海地域において攻勢をかけたものの、現在もホデイダを含む臨海地域は双方が支配を争う状況が続いている。

---

xix　ホデイダは人口60万と推定され、その港湾は2015年までイエメンの輸入物資の70パーセントを取り扱っていた重要港である。アラブ連合軍は、同港を使ってホーシー派がイランから武器搬入していたと見て、その対策として海上封鎖を行っていた。

図 27　イエメンの支配地域の状況

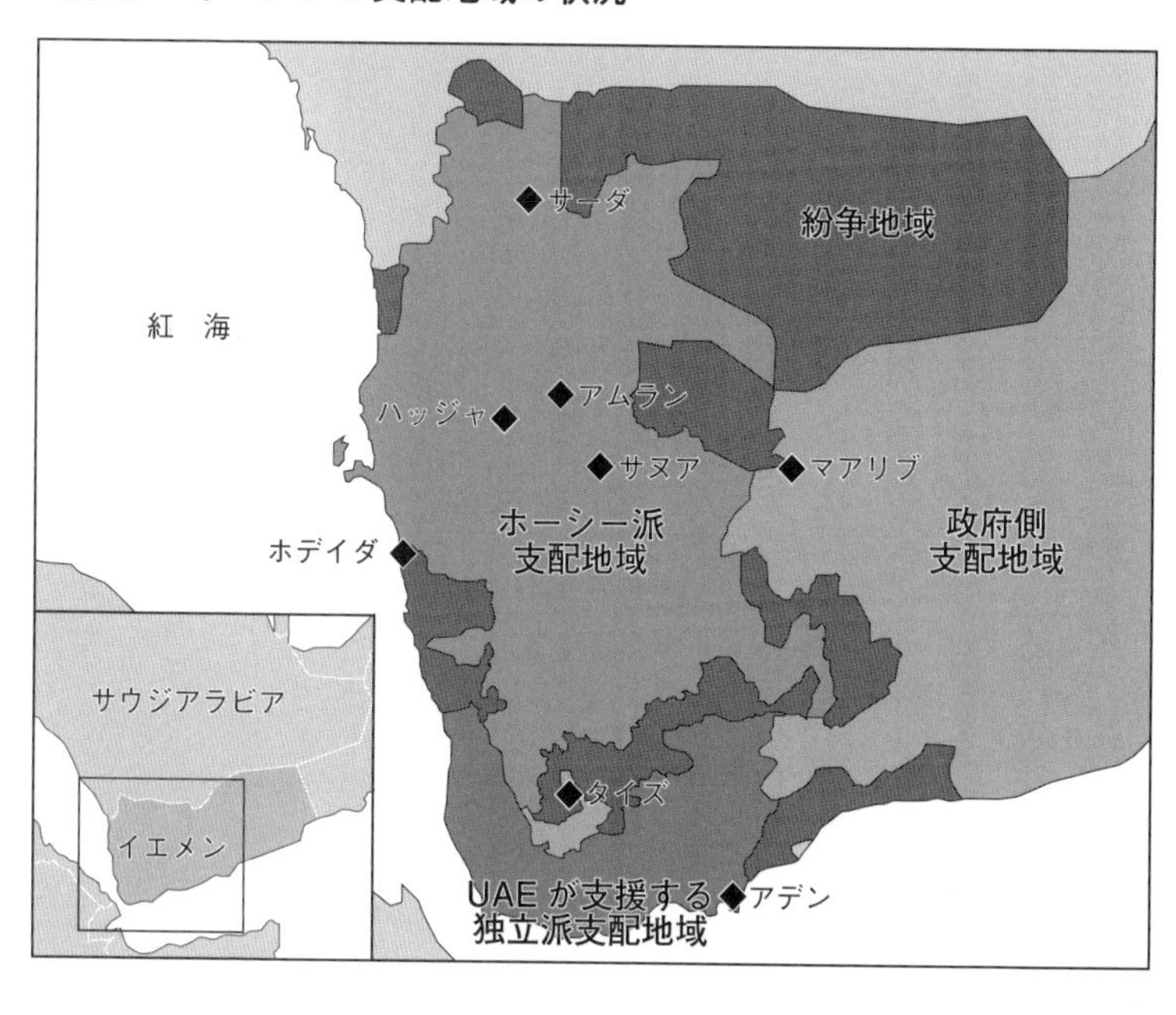

900万人の人口を有するザイド派を背景とするホーシー派部隊の規模の大きさ、山間部における戦闘の困難性、損耗の大きい戦闘の回避などの要因から、政府軍は沿海部などの平地では制圧地を漸進することは可能であるものの、イエメン全土の制圧は困難であることから、現状の支配地域の膠着した状況は短期的に変わらないと考えられる。

まとめ

シリア北西部に関しては、トルコ軍が大規模かつ整備された地上戦力を投入可能であるため、シリア政府側は反体制派を制圧する作戦行動においてもトルコと軍事的に直接対峙しない道を模索せざるを得ず、結果的にシリア政府側による支配の確立は遅延する可能性が高い。ロシアはシリアを支援するものの、戦力の整ったトルコ軍との直接戦闘は避けると見込まれる。

ペルシャ湾に関しては、イランのシーレーンに対する軍事的阻害作戦に対して、湾岸アラブ国家は、航空機による妨害には対応可能であるが、高速艇などの海上妨害活動を排除する能力は不足しており、その対処には米軍の介入が不可欠である。

イエメンに関しては、政府軍と反政府軍の戦力が拮抗しており、政府軍内部の統合性の欠如や山間地の作戦の困難性を考慮すると、たとえサウジアラビアなどのアラブ国家の支援があったとしても、政府軍による支配地の劇的拡大は望めず、現状の膠着状態が継続する可能性が高い。

第4節　米軍のプレゼンス

中東における米軍展開兵力は約5万2000人[150]と大きなプレゼンスを示している（巻末別表3参照）。常駐配備の部隊は4万2000人であり、対テロ戦争「固有の決意作戦」のための暫定的な展開兵力が約1万人となっている。この兵員数には周辺海域に展開する海軍艦艇の乗員は含まれておらず、空母、巡洋艦等の相当数の乗員が実際には追加的に展開している。アラビア半島とその周辺海域に展開する戦力は米中央軍隷下にある。そして、中央軍の恒常配備の部隊はペルシャ湾西岸地域に集中しており、シリアなど中東の北西部に対するプレゼンスは小さいという特質がある。

常駐配備

中央軍は、人口規模や国土面積の比較的小さいバーレーン、クウェート、カタールとUAEに、陸海空の各軍種の拠点を分散して配置しており、バーレーンには第5艦隊司令部など海軍部隊等を、イランと国境を接するクウェートには機甲旅団や攻撃ヘリ旅団など陸軍部隊等を、カタールとUAEには戦闘機部隊などの空軍部隊等を配置している。

その中でも、カタールのアル・ウデイド（Al Udeid）空軍基地は、米軍にとって世界でも重要な基地の一つである。空軍基地として、共同航空作戦統制所が置かれ、空爆などの作戦を統制しているほか、空中給油機、情報収集機などの航空機が運用されている。

サウジアラビアでは、2003年に大部分の部隊を撤退させて少数の教育支援要員のみを残していたが、2019年9月の石油施設に対するドローンと巡航ミサイルによる攻撃という事態[151]を受けて、戦闘機部隊や防空ミサイル部隊の再配備に至っている。

暫定的展開兵力

イラクの米軍兵力は6000人規模までに縮小しており、現在は1個機械化歩兵旅団と1個攻撃ヘリ飛行隊などの部隊が存在するに過ぎない。

シリアには、州兵からなる1個機甲戦闘団（大隊規模）と1個海兵大隊の計1500人が展開しており、対地火力支援や空爆誘導などの任務を実行している。また、ヨルダンはシリアにおける米軍支援勢力（シリア民主軍）の戦闘を支える中東地域北西部の重要な足場であり、空爆支援を行うマルチロール機F－15Eが展開するなど空軍を中心に約2000人が所在している。

なお、将来的に米軍部隊がシリアから完全に撤退した場合は、航空戦力の効率的運用の観点からヨルダンからも併せて撤収する可能性が高く、中東地域の北西部における米軍のプレゼンスが大幅に低下するおそれがある。

まとめ

シリアを巡って中東におけるロシア軍のプレゼンスの拡大が喧伝されているが、その兵力は5000人規模で、主力となる戦力は1個歩兵旅団と戦闘機20機の1個飛行隊規模に過ぎないことに鑑みると、中東における米軍のプレゼンスは圧倒的である。

しかし、局地的にみると、中東北西部の米軍のプレゼンスは比較的希薄で、現在は暫定的な兵力がイラク、ヨルダンとシリアに展開しているためプレゼンスが明確となっている。しかし、これらの部隊の将来的な撤収は局地的な米軍のプレゼンスの低下につながるところ、シリアに展開するロシアに対しどのように均衡を図るか課題が残る。

第9章 パックス・アメリカーナの軍事的側面――米軍のプレゼンスの意味

世界の軍事情勢は、米国の核兵器による戦略抑止態勢と前方展開戦力を含めた遠征軍である米軍による通常抑止態勢という基軸に対し、中国とロシアが各々描いた戦略に則り核戦力と通常戦力の双方の分野で対抗するという構造的枠組みに基づいている。米軍の前方展開戦略は世界秩序の安定を支える骨組みとなっており、前方展開の要所として東アジア、欧州と中東がある。東アジアでは、米中ロの対峙に日本、北朝鮮、韓国、台湾が関わり、欧州では米ロの対峙にドイツ、ポーランドなどのNATO諸国とウクライナが関わる構図となっている。また、中東では米軍が展開する中、シリアの内戦を契機にロシアの存在感が増しているものの、米軍のプレゼンスは依然として圧倒的であり、湾岸アラブ諸国の対イラン抑止力の源泉の一つとなっている。

本書においては、米中ロの三大軍事大国間と軍事対峙の現場における軍事バランスについて検証したところであるが、この軍事バランスの主役、すなわち、基準を提示するルールメーカーは、ほとんどの場合において米軍が担っている。ルールメーカーである米国は、中国の台頭する東アジアだけではなく、欧州や中東に兵力を配置する必要があるところ、前方展開する常駐部隊を増強または縮小したり、情勢不安定となった地域へ部隊を派遣・増派したりして、国際情勢に応じた適切な部隊運用により国際秩序の安定に寄与している。

世界の構造を支えるという米軍の果たしている役割の重要性のゆえに、米国と対峙する国は米軍に恐れを抱きつつも抑止・対抗に腐心する一方、陣営を同じくする国は米軍の抑止力を期待してプレゼンスの維持・強化を求める傾向にある。

特に同盟国の人々は、米国に対し無尽蔵の戦力を持っているかのような幻想を抱きがちである。しかし、実際の米国は、核戦力に関しては、予算を捻出して老朽化しつつある核兵器を逐次更新して戦略抑止を維持し、通常戦力に関しては、遠征軍という性質上、総兵員数における戦闘部隊の比率は小さい上に陸上戦力も必ずしも大きくない中、限られた資源を用いて世界に展開し、同盟国と協力しつつ、米軍のプレゼンスとして抑止態勢を維持しているのが実態である。このような実態を踏まえれば、米国と同盟関係にある国々は、米軍を過大または過小に評価するのではなく、等身大の米軍を理解した上で、米国との適正な関係を構築し、米軍のプレゼンスと併せて自国の抑止態勢に隙が生じないように努めるなど、国際秩序の安定に参画していくことが求められている。

終わりに

軍事の分野は、戦略から戦術レベルまで各種の階層がある上に、米中ロの様々な兵器があり、軍隊自体は単に戦闘職種の部隊だけで構成されるわけでなく、情報収集や兵站部隊などの支援部隊に加え、これらを束ねる指揮機構で構成される複雑な組織となっており、専門家であってもその全体像を完全に理解することは難しい。航空機や艦艇などの装備の一分野だけを切り取っても非常に奥深い専門分野が広がり、軍事情勢全体の相互関係も複雑であるため、得てしてこれらは複雑なまま語られてしまうことが多い。私としては、核兵器などの鍵となる兵器や戦闘場面で中核的役割を果たす部隊に焦点を当てて、国際軍事情勢の全体像と軍事対峙の現場を努めて簡単に説明したつもりではあるが、説明が依然難解であったり、簡単にする過程で重要なポイントが抜け落ちたりしている面もあると感じている。いずれも、筆者である私の不勉強によるところであり、平にご容赦いただきたい。

クラウゼウィッツが言っているように「軍事は外交の延長」であり、軍事を分析することで外交政策の方向性を明確に理解することが可能となるし、また逆に、各国の外交政策が複雑に錯綜する国際情勢を見る上で軍事情勢に対する理解は欠かせないものとなっている。国際情勢が市場経済に直結している現在においては、軍事情勢の動きを正確に追うことにより、経済の先行きを見通すことにもつながっている。日々、新聞等で国際面などを読む際に、軍事情勢への理解の一端が皆様の国際情勢の解釈にいささかなりともお役に立つことができれば幸甚である。

巻末別表1　米軍展開状況（東アジア）

展開国	所属	部隊種別・兵員数	勢力	装備	装備数量
日本	イ太平洋軍	55,600			
	陸軍	2,650			
		軍団司令部（前方展開）	1		
		特殊作戦集団	1		
		飛行大隊	1		
		防空大隊	1		
	海軍	20,950			
		第7艦隊司令部（横須賀）	1		
		空母	1		
		巡洋艦	3		
		駆逐艦	10		
		戦闘指揮艦	1		
		掃海艦	4		
		強襲揚陸艦等	2		
		輸送艦	2		
		FGA飛行隊	4	F/A-18E/F	40
		電子戦飛行隊	2	EA-18G	10
		早期警戒管制飛行隊	1	E-2D	5
		対潜ヘリ飛行隊	2	MH-60R	24
		輸送ヘリ飛行隊	1	MH-60S	12
		基地（横須賀・佐世保）	2		
	空軍	12,550			
		司令部（第5空軍：嘉手納）	1		
		戦闘航空隊（三沢）	1	F-16C/D	44
		戦闘航空隊（嘉手納）	1	F-15C/D	54
				F-22A	14
		空中給油飛行隊	1	KC-135R	15
		早期警戒飛行隊	1	E-3B/C	2
		救難飛行隊	1	HH-60G	10
		輸送飛行隊（横田）	1	C-130J-30	10
				C-12J	3
		特殊作戦集団（嘉手納）	2	MC-130H等	10
		偵察飛行隊	1	RC-135	
		偵察UAV隊	1	RQ-4A	5
	海兵隊	19,450			
		海兵師団	1		
		海兵連隊司令部	1		
		砲兵連隊司令部	1		
		偵察大隊	1		
		海兵大隊	1		
		強襲上陸大隊	1		
		砲兵大隊	1		

日本	海兵隊	FGA 飛行隊	3	F/A-18C/D	24
				F-35B	12
		空中給油飛行隊	1	KC-130J	15
		輸送飛行隊（普天間）	2	MV-22B	24
	戦略軍	X バンドレーダー	2	AN/TPY-2	
韓国	イ太平洋軍	28,500			
	陸軍	19,200			
		第 8 陸軍司令部（ソウル）	1		
		第 2 歩兵師団司令部（トンドゥチョン）	1		
		機甲旅団	1	M1A2 等	
		多連装ロケット砲旅団	1	M270A1	
		戦闘航空ヘリ旅団	1	AH-64 等	
		防空旅団	1	PAC2/3 等	
		SAM 中隊	1	THAAD	
	海軍	250			
	空軍	8,800			
		第 7 空軍司令部（オサン）	1		
		戦闘航空隊（クンサン）	1	F-16C/D	40
		戦闘航空隊（オサン）	1	F-16C/D	20
				A-10C	24
		偵察飛行隊	1	U-2S	
	海兵隊	250			
グアム	イ太平洋軍	8,150			
	陸軍	SAM 中隊	1	THAAD	
	海軍	海軍基地	1		
		攻撃型原潜	4		
		海兵旅団装備（事前備蓄）	1		
	空軍	航空基地	1		
		爆撃飛行隊	1	B-52H	6
		空中給油飛行隊	1	KC-135R	12
		輸送ヘリ飛行隊	1	MH-60S	
		偵察 UAV 隊	1	MQ-4C	2

巻末別表 2　米軍展開状況（欧州）

展開国	所属	軍種	部隊種別・兵員数	勢力	装備	装備数量
ドイツ	アフリカ軍		司令部（シュトゥットガルト）			
	欧州軍		38,750			
			諸兵科連合司令部（シュトゥットガルト・ヴァイヒンゲン）	1		
		陸軍	23,750			
			欧州陸軍司令部（ヴィースバーデン）	1		
			特殊作戦集団	1		
			偵察大隊	1		
			機甲大隊	2	M1A2 等	
			機械化旅団（-）	1	M1296 等	
			多連装ロケット砲大隊	1		
			砲兵大隊	1	M777A2 等	
			戦闘航空ヘリ旅団（-）	1	AH-64D 等	
			戦闘航空ヘリ旅団司令部	1		
			情報旅団	1		
			憲兵旅団	1		
			通信旅団	1		
			支援旅団	1		
			防空旅団（-）（州兵）	1		
			機甲旅団装備（事前備蓄）	1		
		海軍	400			
		空軍	13,150			
			欧州空軍司令部（ラムシュタイン）	1		
			第 3 空軍司令部（ラムシュタイン）	1		
			戦闘飛行隊	1	F-16C/D	24
			輸送飛行隊	1	C-130J-30 等	22
		海兵隊	1,350			
イタリア	欧州軍		12,750			
		陸軍	4,200			
			空挺戦闘団（-）	1		
		海軍	4,000			
			欧州海軍司令部（ナポリ）	1		
			第 6 艦隊司令部（ガエータ）	1		
			対潜飛行隊	1	P-8A	4
		空軍	4,350			

イタリア	欧州軍	空軍	戦闘航空隊	1	F-16C/D	42
			救難飛行隊	1	HH-60G	8
		海兵隊	200			
英国			9,500			
	欧州軍	空軍	爆撃機隊	1	B-52H	4
			戦闘航空隊	1	F-15C/D	24
					F-15E	46
			偵察飛行隊	1	OC-135 等	
			空中給油航空隊	1	KC-135R/T	15
			特殊作戦集団	1	CV-22B	8
					MC-130J	8
	戦略軍		早期警戒レーダー	1	AN/FPS-132	
			宇宙追跡レーダー	1		
ベルギー	欧州軍		1,050			
ブルガリア	欧州軍（Atlantic Resolve）		150			
			機甲中隊	1	M1A2 等	
ギリシャ	欧州軍		1,000			
			ヘリ大隊	1	AH-64D 等	
			海軍基地（マクリ、ソウダ・ベイ）	2		
			航空基地（イラクリオン）	1		
ハンガリー	欧州軍（Atlantic Resolve）		200			
			機甲偵察隊	1	M3A3	
オランダ	欧州軍		400			
ノルウェー	欧州軍（Atlantic Resolve）		1,400			
			海兵大隊	1		
			海兵大隊装備（事前備蓄）	1		
			自走砲兵大隊装備（事前備蓄）	1		
ポーランド	NATO（EFP）		857			
			機甲大隊（州兵）	1	M1A2 等	
	欧州軍（Atlantic Resolve）		2,000			
			師団司令部（前方展開）	1		
			機甲旅団司令部	1		
			機甲大隊（-）	1	M1A2 等	
			自走砲兵大隊	1	M109A6	
ポルトガル	欧州軍		250			
			支援施設（ラジェス）	1		
ルーマニア	欧州軍（Atlantic Resolve）		1150			
			機甲大隊司令部	1		
			機甲中隊	2	M1A2 等	
			輸送ヘリ隊	1	UH-60M	

ルーマニア	欧州軍 (Atlantic Resolve)	戦闘偵察 UAV 飛行隊	1	MQ-9A	
セルビア	KFOR	660			
		歩兵旅団司令部（州兵）	1		
		偵察大隊	1		
		ヘリ隊	1	UH-60	
スペイン	欧州軍	3,750			
		空軍基地（モロン）	1		
		海軍基地（ロタ）	1		
トルコ	欧州軍	1,700			
		空中給油飛行隊	1	KC-135	14
		ELINT 隊	1	EP-3E	
		支援施設 （イズミル・アンカラ）	2		
		航空基地（インジルリク）	1		
	戦略軍	X バンドレーダー	1	AN/TPY-2	

巻末別表３　米軍展開状況（中東）

展開国	所属	部隊種別・兵員数	勢力	装備	装備数量
バーレーン	中央軍	5,000			
		第５艦隊司令部	1		
		巡航ミサイル原潜	2		
		空母	1		
		巡洋艦	2		
		駆逐艦	2		
		警備艇	16		
		掃海艦	4		
		FGA 飛行隊（-）	1	AV-8VB	5
		対潜飛行隊	1	P-8A	5
		防空中隊	2	PAC-2/3	
ジブチ	アフリカ軍	4,700			
		輸送飛行隊	1	C-130J-30 等	
		特殊作戦飛行隊	1	MC-130H 等	
		救難飛行隊	1	HH-60G	
		戦闘偵察 UAV 飛行隊	1	MQ-9A	
		海軍基地	1		
エジプト	MFO	454			
		偵察大隊（州兵）	1		
		支援大隊（州兵）	1		
イラク	中央軍（Inherent Resolve）	6,000			
		機械化歩兵旅団（-）	1		
		爆発物処理小隊	1		
		攻撃ヘリ飛行隊	1	AH-64E	
イスラエル	戦略軍	X バンドレーダー	1	AN/TPY-2	
ヨルダン	中央軍（Inherent Resolve）	2,300			
		戦闘飛行隊	1	F-15E	12
		戦闘偵察 UAV 飛行隊	1	MQ-9A	12
クウエート	中央軍	13,500			
		機甲旅団（-）（州兵）	1		
		ヘリ旅団（陸軍予備役）	1		
		輸送飛行隊	1	MV-22B	12
		支援旅団	1		
		防空中隊	3	PAC-2/3	
		戦闘偵察 UAV 飛行隊	1	MQ -9A	
		装甲旅団装備（事前備蓄）	1		
		歩兵旅団装備（事前備蓄）	1		
カタール	中央軍	10,000			
		偵察飛行隊	2	RC-135	4
				E-8C	4
		空中給油飛行隊	1	KC-135R/T	24
		輸送飛行隊	1	C-17A	4
				C-130H/J	4

カタール	中央軍	防空中隊	2	PAC-2/3	
	戦略軍	X バンドレーダー	1	AN/TPY-2	
サウジアラビア	中央軍	2,000			
		戦闘飛行隊	1	F-22A	12
		電子戦飛行隊	1	EA-18G	5
		防空中隊	1	PAC-2/3	
シリア	中央軍（Inherent Resolve）	1,500			
		機甲大隊（州兵）	1		
		海兵大隊	1		
アラブ首長国連邦	中央軍	5,500			
		戦闘飛行隊	3	F-15C	12
				F-15E	18
				F-35A	12
		偵察飛行隊	1	U-2	4
		早期警戒管制飛行隊	1	E-3	4
		空中給油飛行隊	1	KC-10A	12
		偵察 UAV 飛行隊	1	RQ-4	
		防空中隊	2	PAC-2/3	
トルコ	欧州軍	1,700			
		空中給油飛行隊	1	KC-135	14
		ELINT 隊	1	EP-3E	
		支援施設（イズミル・アンカラ）	2		
		航空基地（インジルリク）	1		
	戦略軍	X バンドレーダー	1	AN/TPY-2	

注①『ミリタリーバランス 2020』による。②（-）の表示は、本来の編制から一部の機能を欠いていることを示す。③ KFOR は国連決議に基づき展開する NATO 軍部隊を主体とする多国籍軍。MFO はエジプト・イスラエル平和条約の安全保障条項の履行状況を監視する多国籍監視団。④バーレーンの欄の海軍艦艇は、ペルシャ湾とアラビア海に展開中の第 5 艦隊所属のものを便宜上記載したものであり、兵員数には含まれていない。

あとがき

本書の原稿は、2019年から2020年にかけて米国ワシントンDCにある米国防大学国家戦略研究所に客員研究員として籍を置いていた機会に取りまとめたものである。同研究所は中国人民解放軍の研究をはじめとして国際的な軍事問題を広く研究し、その成果を出版物として配布しているほか、米国防省のシンクタンクとしての機能を果たしている。私は東アジアの政軍関係を中心に研究を行っていたのだが、2020年に入って新型コロナウイルスが米国社会に蔓延し、インタビュー等による訪問調査が実施できず、また外出に制限が生じるなど公私ともに大きな影響を受けた。結果として、自宅アパートや研究所内の執務室に過ごす時間はどうしても多くなり、この時間を有効に活用すべく、頭の中にある世界の軍事情勢を文章の形で表現することを決意した。原稿は2020年8月の米国を離れる直前の時点で取りまとめ、同年末に時点修正したものとなっている。

本書では『ミリタリーバランス2020』等に基づいたデータを紹介しているが、書店に本書が並ぶ時点では『ミリタリーバランス』の最新版は２０２１版であり、データは若干古いものとなっている。同年版では中国の存在感がさらに増していると思われるが、本書で示した国際的な軍事情勢の趨勢には変わりなく、きっと皆様のお役に立てると信じている。

中国とのバランスを図るため、２０２１年に入り、日米豪印のクワッド首脳会談に加え、日米・米韓外務防衛閣僚会議（２＋２）がそれぞれ行われるなど、インド太平洋と東アジア地域の軍事情勢をにらんだ動きを見せている。また、欧州では英国が核弾頭数の上限の引上げを発表し、中東ではイランが兵器級ウランへと核濃縮を加速するなど、戦略環境の変化を示唆する動きも出てきている。国際情勢は絶え間なく変化するのが常であるが、そのような中であっても、世界の軍事情勢は米軍を軸に展開され、米軍の重要性はいささかも減じず、むしろ増大してきていると言える。

米軍に関する情報を整理することが本書の土台となっているところ、国家戦略研究所において接した様々な情報が本書のバックグラウンドになっている。その意味で私のスポンサー研究員であるジェームス・プリスタップ博士と各種行政サービスを提供してくれたキャサリン・リーズ女史に深い感謝を捧げる。本書は、ふんだんに図表や写真を挿入しているが、図版の製作などの編集に携われた方々をはじめとする原書房の皆様に対しても尽きぬ感謝を表したい。特に、拙稿を出版へと推進して頂いた石毛本部長には大変お世話になり、感謝の言葉もない。

なお、私自身は２００２年から２００５年にかけて在中国日本大使館勤務を経験し、その後、防衛省情報本部に通算で4年間勤務し、内閣官房内閣情報調査室で内閣情報分析官を3年間務めるなど、軍事を中心に情報を取り扱い、現在は内閣府の参事官として在職している。しかし、当然のことながら、本書はあくまで個人的見解に基づくものであり、過去に所属していた組織や現在所属する組織を代表するものではないことを最後に付言させていただく。

２０２１年４月　岩池正幸

註

1 西南戦争や日清戦争の報道により、明治期の新聞は部数を大きく伸ばしたとされる。(佐々木隆著『日本の近代14　メディアと権力』129頁、1999年、中央公論新社)
2 International Institute of Strategic Study: IISS
3『ミリタリーバランス2019』、9頁。
4 Stockholm International Peace Research Institute: SIPRI
5 https://www.sipri.org/databases参照。
6 Jane's by HIS Markit
7 米国、ロシア、中国、英国とフランスの5か国。
8 現在のところ、6基までの予算が認められている。高性能の早期警戒衛星であるSBTRS-GEOは極めて高額の衛星であり、衛星1基当たりの価格は日本円にして1000億円を超え、衛星6基を含むシステム全体では2兆円近い経費がかかるとされる。
9『ミリタリーバランス2020』では、DSPとSBIRS-GEOのみ掲載しており、SBIRS-HEOの記述はない。
10 モルニア軌道の衛星のほかに、実証試験のため周回軌道をとるSTSS (Space Tracking and Surveillance System) 衛星2基が打ち上げられ、ミサイル防衛庁が試験運用している。
11 グアムの6000人を含む。

12 欧州軍に属する在トルコ米軍とアフリカ軍に属する在ジブチ米軍を含む。なお、在トルコ米軍1700人は欧州の7・5万人にも含まれており、ここでは地域に着目しているため二重にカウントしている。
13 各地域と国ごとの配置状況については、第6、第7と第8章の「米軍のプレゼンス」の項を参照。
14 戦闘支援部隊と非戦闘支援部隊の定義については、第3章第1節参照。
15 ロシアのクリミア「併合」を受けて実施されている欧州における「アトランティック・リゾルブ」作戦や対ISISの「インヒアレント・リゾルブ」作戦など。
16『ミリタリーバランス2020』では1個師団としているが、戦闘部隊はハワイと分散して配置されているため、東アジアへの配備は1個旅団相当になる。
17 米陸軍の機甲旅団（Armored Brigade Combat Team: ABCT）は、3個大隊で構成されているため、2個大隊は旅団の3分の2の規模となる。
18 1個の飛行隊の戦闘機数は20機前後。
19『ミリタリーバランス2020』では、6機の爆撃機で構成される1個爆撃飛行隊の記載がある。
20 F-35の航続距離が2200キロメートル、作戦行動半径が1100キロメートル程度なのに対し、B-52の航続距離は1万6000キロメートル、作戦行動半径8000キロメートル程度と7倍ほど長い。
21『ミリタリーバランス2020』では、4基以上の大型フェーズド・アレイ・レーダーを運用しているとしている。
22 準中距離ミサイルの定義については、第3章第4節参照。
23 機動戦闘部隊の定義については第3章第1節参照。
24 新型の「Tundra」衛星は2015年に初号機が、2019年9月に3号機が打ち上げられた。
25「Units and formation Strength」、『ミリタリーバランス2020』、521頁。
26 組織の単位としての空軍であり、一般に言う軍種としての空軍とは異なる。米軍ではナンバー付き空軍という言い方もあり、第〇（数字が入る）空軍という形で呼ぶ。
27 START条約は米ロの戦略核兵器の保有を制限するために戦略核兵器の定義をおいており、これに基づいて戦略核兵器と非戦略核兵器という区分で整理されることが多い。

28 中国の対地攻撃巡航ミサイルであるCJ-20は、核弾頭を搭載できるデュアル・ユースの可能性があり、出力も不明であるが、低出力のものであれば戦術核と言えるかもしれない。

29 令和2年版防衛白書、43頁。なお、米中ロを強調する網掛けは筆者が付した。

30 https://www.imf.org/external/pubs/ft/weo/2019/02/weodata/weoselgr.aspx参照。

31 州兵は原則的には常勤ではなく、任務付与がされていない場合は、毎月1回の週末の訓練と年1回の2週間の訓練が義務付けられているのみである。軍隊経験のない者は入隊時に10週間の基本訓練（initial entry training :IET）を受ける必要がある（「https://www.nationalguard.mil/About-the-Guard/Army-National-Guard/About-Us/Training/」参照）。なお、中国とロシアも予備役組織があるが、米国の州兵のみを特に記述しているのは、クウェートへの派遣など海外任務付与の実績が継続していることに加え、作戦行動に足る十分な兵器・装備が配給されているからである。

32 管轄地域をもつ統合軍としては、北米を担任する北方軍、中東を担任する中央軍、アフリカを担任するアフリカ軍、欧州を担任する欧州軍、アジア太平洋等を担任するインド太平洋軍と中南米を担任する南方軍の6個の統合軍がある。

33 ロシアの師団は隷下に3個旅団を置いていたが、現在は旅団を連隊に改編・縮小し、3個連隊（一部は4個連隊）の構成となっている。そこで、ここでは1個師団は2個旅団に相当するとして換算している。

34 旅団戦闘団については、第5章第1節通常戦力の現状（2）参照。

35『ミリタリーバランス2020』の記述に沿った。2隻目となる空母「山東」が2019年12月に就役しているので、実際は2隻。

36 個別の空母の性能については、後述の第5章第1節通常戦力の現状（1）を参照。

37 中国の対艦攻撃能力の全体像については、第5章第2節中国（2）を参照。

38 海軍所属艦艇に限る。中国の場合、陸軍も輸送艇205隻を保有しているが、戦車を2両搭載する小型のものが中心となっている。詳細な輸送能力については、「第6章軍事的対峙の現場その1―東アジア　第2節台湾」の項を参照。

39 米陸軍の旅団に相当する戦闘団（ＢＣＴ）は3個大隊基幹であるため、ここでは海兵3個大隊をもって1個旅団に相当するとしている。

40 空母艦載機ではない作戦機の例としては、対潜哨戒機（Ｐ－８）やＦ－16などがある。

41 ストックホルム国際平和研究所（ＳＩＰＲＩ）の19年1月時点のデータ。新ＳＴＡＲＴ条約の上限である１５５０発と整合していないのは、条約で制限されるのは配備中の戦略核弾頭のみであり、そのほかの核弾頭として規制外の戦術核弾頭の配備や予備保有等の弾頭があるためである。

42 米国のＩＣＢＭサイロは４５０基あり、そのうちの４００基にミサイルを配備している。50基の空のサイロは戦略的柔軟陸を持たせるための予備として維持している。

43 ３Ｍ－55Ｙａｋｈｏｎｔ（ＳＳ－Ｎ－26）に搭載可能。

44 ここでは、SIPRI YEARBOOK2020の記述に従っている。戦術核としては、２０１９年からトライデントⅡに搭載するＷ76－２核弾頭が新たに加わっているが、同資料ではＳＴＡＲＴ条約の定義に基づき戦略核兵器として整理されている。

45 米ＣＩＡは１９９３年に「中国がＤＦ－15用の核弾頭を開発したのはほぼ確実だが、配備されているかは不明である」と評価したとされる。

46 米国防省の核態勢見直し２０１８（NUCLEAR POSTURE REVIEW 2018: NPR2018）、8頁。

47「Nuclear Matters Handbook 2020」（Office of the Dupury Assistant Secretary of Defese for Nuclear Matters）では、運搬手段を発射母体（platform）と移動体（vehicle）の2種類に分けており、例えば、ＩＣＢＭの場合はミニットマンⅢを発射母体兼移動体としている一方、ＳＬＢＭの場合はオハイオ級ＳＳＢＮを発射母体とし、トライデントⅡを移動体として分類している（41頁、「Figure3.8 Current and Near Future Nuclear Deterrent」参照）。

48 戦略爆撃機と戦術核搭載戦闘機は核爆発装置と誘導装置からなる核爆弾を装備するが、ここでは広義の核弾頭として取り扱っている。

49 エネルギー省によれば、2019年2月にW78-1の初期生産を完了した。(https://www.energy.gov/nnsa/articles/nnsa-completes-first-production-unit-modified-warhead)

50 B-2Aに搭載する戦略核爆弾のB61-7も同じくB61-12に改修される。

51 W78はW87-1に改修されるため、既配備のW87は区別のためW87-0と呼称される。

52 ドイツのシュトゥットガルトからモスクワまで約2000キロメートル。米国が配備した核ミサイルの射程は、パーシングⅡミサイルが約1800キロメートル、地上発射巡航ミサイル(GLCM)が約2500キロメートル。

53 中国の空母構想の詳細については、コラム2を参照されたい。

54 令和2年版防衛白書(181頁)では、J-15戦闘機やH-6爆撃機への電子戦ポッドの搭載に言及している。

55 表20には記載していないものの、第7師団に第81SBCTが置かれている。これはその半数の人員(2900人)が職業軍人ではない市民で編成される旅団となっている。実際にイラクに派遣され、輸送車列の防護などを行った。

56 『新时代的中国国防』、中华人民共和国国务院新闻办公室(2019年7月)、「二、新时代中国防御性国防政策」パラ4。『中国国防』、『中国国防白書「新時代の中国の国防」』、小原凡司(笹川平和財団上席研究員、https://www.spf.org/spf-china-observer/document-detail018.html)同旨。

57 インド洋からの侵入経路は利用可能であるが、迂遠な経路であり、インド洋方面に展開していた空母の転用の場合などに限定される。

58 掩体とは、航空基地に駐機する航空機を爆撃等から防護するために設置された堅固な覆蓋施設であり、コンクリート製でかまぼこ型のものが多い。

59 中国は、18年12月、北斗3号基本システムが完成し、全世界的なサービスを開始したと発表し、単純な衛星機数では米国のGPSを超える33基の衛星システムとなっている。北斗システムには軍事電波帯域が設定されており、全世界的サービス提供は全世界的な中国軍の精密打撃環境が整備されたことを意味する。

60 Intelligence, Surveillance, Reconnaissance

61 3個の衛星で1組を構成し、電波の位相の差異から電波発信源の船舶の位置を特定する。なお、米国の海洋監視衛星はドップラー効果を利用するため、2個1組で機能する。中国の遥感（Yaogan）9、16、17、20、25と31が海洋監視衛星とみられている。"Gunter's Space Page"（https://space.skyrocket.de/doc_sdat/yaogan-9.htm）

62 2017年の米国防省の報告では、1200発の短距離弾道ミサイル（SRBM）がストックされているとしている。

63 中国の5つの戦区については、本章第2節第1項（4）❸参照。

64 シャン級原潜は対艦ミサイルを魚雷発射管から発射する。

65 ミリタリーバランス2009、382－383頁。

66 1個師団は、3個の機動戦闘連隊（機甲、機械化、軽歩兵など）に加え、砲兵連隊と防空連隊各1個で構成される。旅団は1・5個連隊規模であるため、師団は旅団の2倍の機動戦闘部隊に加え、支援火力を持つ総合打撃力の高い部隊となっている。

67 産経新聞（https://www.sankei.com/world/news/181128/wor1811280023-n1.html）、CNN（https://www.cnn.co.jp/world/35129321.html）など。

68 2019年12月19日付環球時報英語版、2020年9月13日付環球時報英語版（https://www.globaltimes.cn/content/1200749.shtml）。

69 胡錦濤は、2004年9月19日に中央軍事委員会主席に就任。

70 「中国打造10航母艦隊第1波6隻」、2017年1月14日付明報参照。

71 エスカレーションについて第6章第1節エスカレーションの推移参照。

72 日本は、航空自衛隊のF－15、F－2とF－35の合計で309機（令和2年防衛白書494頁）。

73 中部戦区は、首都北京を抱える関係でVIP輸送師団が置かれているが、戦力としては実質的には爆撃機師団と輸送師団の2個師団である。

74 2015年の「中国の軍事戦略」では、「新情勢下の積極防御の軍事方針を実行するため、軍事闘争の準備の基点を調整する。…（中略）…新情勢下の積極防御の軍事方針を実行するため、基本の作戦思想を新たに創出する」としている。また、米国防省の2016年の議会報告では、「積極防御」を次のように記述し、先制攻撃的に捉えている。「それ（積極防御）は、攻撃しないのではなく、敵が攻撃を決心したならば積極的に対応するコミットメントに基づいている。すなわち、受動的に反応する防衛ではなく敵の準備または攻撃を粉砕するため対応した攻撃を行う防衛である」と記述している。（Office of the Secretary of Defense, "Military and Security Developments Involving the People's Republic of China 2019, Annual Report to Congress", April 26, 2016, p.44.)

75 総参謀部、総政治部、総後勤部と総装備部。

76 2016年2月1日の国防部記者会見において、楊宇軍報道官は「戦区は戦略方向における唯一最高の統合作戦機構として、中央軍事委員会が付与する指揮権に基づいて、戦区の作戦任務を担任する全ての部隊に対して、統一指揮と統制を実施できる」と述べている。中央軍事委員会に「統合作戦指揮センター」が設置されているものの、具体的な軍事作戦の指揮は戦区に委ね、全体の戦争指導を中央で行う趣旨と思われる。

77 習近平は2017年の第19回党大会直後の中央軍事委員会常務委員会において、「能打仗、打胜仗（戦争を行う能力を有し、戦っては勝利を獲得する）が軍事工作（軍事政策）の焦点である」ことを強調している。

78 原語は「連勤保障部隊」。「連勤」とは「連合後勤」の略であり、「連合」は統合を、「後勤」は「後方支援」を意味する。この「連勤保障部隊」は、統合で後方支援を行う部隊であるため、ここでは「統合後方支援部隊」と訳出している。なお、保障には「後勤保障」と「装備保障」の2つがあり、前者は財務・会計、補給、輸送、衛生、建設などの後方支援であり、後者は、装備品の調達、装備品の整備などを意味する。

79 東部：無錫、南部：桂林、西部：西寧、北部：瀋陽、中部：鄭州となっている。

80 『ミリタリーバランス2020』、194頁。

81 ここでは、『ミリタリーバランス』の記述に従い、北部統合戦略コマンドの指揮を受ける部隊は軍管区に含まれると整理し、4つの軍管区で比較している。

82 シリアにミサイル攻撃したのはカスピ海支隊所属のブーヤン型コルベットであったとされる。

83 ここでは、以前グアムに配備されていた米爆撃機飛行隊が情勢の緊迫化に応じて再展開するとの前提を置いている。
84 米海軍のFGA飛行隊は7個飛行隊あるが、1個が10機編成で通常の空軍飛行隊20機編成の半数であることから、ここでは1個飛行隊を0・5個飛行隊に換算している。
85 F－4とF－2で構成される飛行隊。
86 前掲表25「中国の主な対艦ミサイル」の空中発射の欄中のYJ－12とYJ－83Kミサイルの項を参照の上、表37「対空・防空ミサイル比較」と見比べられたい。
87 空自FGAは、JDAM弾などの対地誘導爆弾を保有しているものの、敵地侵入が必要となるため、ここでは対地攻撃能力なしとしている。
88 実際は、旧式のJ－7戦闘機は40機で1個飛行隊を構成し、厳密には機数の差は50機以上となるが、ここでは単純に1個飛行隊20機で計算している。
89 現状では陸上自衛隊の地対艦誘導弾の射程は200キロメートル前後であるため、十分に海上作戦区域をカバーすることができない。将来的に射程が400キロメートルへ延伸されれば、有効な戦力となる。
90 「国防発展戦略思考」、1986年3月21日、1987年1月2日、4月3日付等解放軍報。張万年（元中央軍事委員会副主席）の『当代世界軍事与中国国防』（軍事科学出版社、1999年）においても辺境闘争の重要性が記述されている（199～202頁）。
91 林東「制演海権：海洋国土の地政学的支配権をコントロールする」、鄧暁宝主編『強国之略・地縁戦略巻』（解放軍出版社、2014年）。なお、「制臨海権」は原文では「制濱海権」という用語を用いている。
92 朱所昌、「中国台湾地縁戦略地位的歴史和現実」、中国軍事科学2007年第1期参照。
93 米軍を意味している。
94 60年を超える老朽艦である2隻は標的艦として運用されており、実質的には2隻。なお、2020年11月、台湾は初の潜水艦の自主建造に着手した。1隻目は2025年の就役を目指し、合計8隻を建造する計画となっている（2020.11.25、日経新聞「台湾初の自前潜水艦」）。

95 金山北、金山南、グリーン湾、林口、海湖、布袋、北台南、台南、林園、加禄堂、福隆、頭城、壮韋、羅頭の14か所。このうち、林口と海湖が桃園地域にある。

96 『台海軍事地理教程』軍事科学出版社、２０１３年、59頁。

97 2万人規模の例としては、2個水陸両用旅団（５０００人×2）、2個特殊作戦群（１０００人×2）、3個航空機動歩兵連隊（１０００人×3）と1個機甲旅団（５０００人）の部隊構成となる。また、５・1万人規模としては6個水陸両用旅団（５０００人×6）、2個特殊作戦群（１０００人×2）、3個航空機動歩兵連隊（３０００人×3）と2個機甲旅団（５０００人×2）といった構成例がある。

98 中国が進める軍民融合政策の下、台湾正面の主要港に所属する排水量50トンを超える民間船舶は民間防衛組織に登録が必要となっている。

99 ２０１９年版台湾国防報告書59頁。なお、同頁には概念図も示されている（図21）。

100 離島には澎湖指揮部、金門指揮部、馬祖指揮部と東引地区指揮部を置き、本島東側には花東防衛指揮部を置いて防衛を担任させている。これらの指揮部には実動部隊として1～3個防衛集団が配属している。

101 「固安作戦計画」の名称は、台湾の国防関連文書に頻出する。例えば、国防部１０２年度（２０１３年度）所属決算資料には「国防部固安作戦計画を完成」とある。

102 台湾関係法では、「大統領と議会は、事態の推移に応じ、そのような危険への米国の適切な行動を決定する」としている。（TAIWAN RELATIONS ACT, PUBLIC LAW 96-8 96th CONGRESS, Section 3.c.後段）

103 前掲国防報告書41頁。

104 Office of the Secretary of Defense, "Military and Security Developments Involving thePeople's Republic of China 2020, Annual Report to Congress", p.114.

105 ロシアの個々の兵器については防衛白書が詳しい。令和2年白書１１７～１２１頁参照。

106 アドミラル・ゴルシコフ級駆逐艦、アドミラル・グリゴロヴィチ級フリゲート、ゲパルト型フリゲート、ブーヤン型コルベットが「カリブル」を装備。

107 加えてチタ周辺にも1個ミサイル旅団が置かれている。

108 例えば、長距離防空ミサイルはS－200システムであり、現行の標準であるS－300やS－400に比し、旧式である。しかし、未だ航空機に対しては十分有効な兵器ではある。
109「殲滅」とは、撤退や再編成を許さないよう敵軍をその場で撃滅することであり、北朝鮮の軍事ドクトリンのひとつである。
110 トラック等により兵員の輸送能力を持つ歩兵師団。3個歩兵連隊に加え戦車大隊、砲兵連隊などを隷下に持ち、1万人規模となっている。
111 2020年1月現在は、第1騎兵師団に所属する第3ABCTが配備されている。
112 主要なミサイルの状況は防衛白書の記述が詳しい（令和2年版95頁以降参照）。
113『ミリタリーバランス2020』、284頁参照。
114 令和2年防衛白書（104頁）においても同様の見解が示されている。
115「米国、最新型パトリオットを韓国に売却へ　北朝鮮のミサイル脅威に対抗」、2018.9.14 11:12産経新聞（Net版）。「韓国軍、大統領府近くにPAC3配備＝北朝鮮への警戒強化」、2020.01.07時事通信。
116 市民は年間160時間の訓練を行っているとされる。
117 占領は韓国陸軍主体となると考えられるが、人口2500万人強の北朝鮮の安定までにどの程度の兵力が必要か予測困難である。なお、人口4000万人のイラクには、米国は25万人の兵員を投入し秩序維持に当たった。
118『ミリタリーバランス2020』では、B－52H爆撃機6機展開と記述している。
119 2020年4月20日付読売新聞（オンライン）「米の戦略爆撃機、グアム配備を終了…米本土からの展開に切り替え」、https://www.yomiuri.co.jp/world/20200420-OYT1T50060/
120 NATOの枠組みは「前方プレゼンスの強化」（EFP: Enhanced Forward Presence）であり、米国との二国間枠組みは「アトランティック・リゾルブ作戦」に依っている。
121 ベラルーシはロシアと同盟関係にある。
122 MNC－NE：Multinational Corps Northeast

123 バルト三国にはＮＡＴＯ派遣部隊を含めて6個旅団程度の戦力があるが、地理的にポーランドの戦力と連携するのは難しいので、ここでは除外している。

124 但し、部隊規模の優勢を戦力の優勢へと結びつける司令部が機能するかについては、不明な点もある。特にポーランド軍の主力にドイツや米軍が加わる場合の指揮権の整理のため、ＮＡＴＯ軍団司令部やＮＡＴＯ師団司令部が置かれているが、統一的な指揮系統となっているロシアと同等の能力が発揮できるかは、平時における演習などを通じたメカニズムの構築の成果によるところが大きい。

125 ロシアの1個飛行連隊は2個飛行隊にほぼ相当する。独軍と米軍の航空隊は連隊相当であり、2個飛行隊で構成される場合が多い。

126 ＭＮＤ-ＳＥ：Headquarters Multinational Division South-East（ＨＱ ＭＮＤ-ＳＥ）

127 ＭＮＢ-ＳＥ：Multinational Brigade Southeast（ルーマニア軍部隊を基幹として編成された歩兵旅団）

128 ルーマニア、ブルガリアに加えて、カナダ、ギリシャ、オランダ、トルコ等が参加して艦艇20隻の規模で実施した。

129 ２０１７年6月、ウクライナ議会はＮＡＴＯ加盟を外交・安全保障政策の戦略目標とする法律を採択した。

130 米国は、ポーランドとリトアニアとともにＪＭＴＧ-Ｕ（Joint multinational Training Group-Ukraine：米２２０人、ポーランド40人、リトアニア26人）を立ち上げてウクライナ軍に対する教育訓練支援を行っている。また、ＮＡＴＯ-ウクライナ委員会は、16年にウクライナに対する包括的支援パッケージ(Comprehensive Assistance Package: CAP）を採択し、指揮通信（Ｃ４）、兵站、サイバー、ハイブリッド戦闘、計画・再評価プロセスなどについて基金を設けるなど、多岐にわたる支援を行っている。

131 ウクライナの戦闘機旅団が保有する機数は20機弱であり、米軍等の基準では飛行隊に相当する。

132 ２０１９年10月から展開している第1騎兵師団第２ＡＢＣＴの例。https://www.eur.army.mil/Portals/19/documents/Fact%20Sheets/2ABCT1CDArmoredRotationFactSheet190911.pdf なお、２０２０年9月に同師団の第１ＡＢＣＴが代わって展開する旨公表されている。https://www.eur.army.mil/ArticleViewPressRelease/Article/2396430/press-release-latest-atlantic-resolve-armored-rotation-begins-

arriving-this-week/

133 エジプトはその際の合意に基づいて、米国から年間13億ドルの軍事援助の供与を今なお受けている。

134 イスラエルは、ヨルダンとは１９９４年に平和条約を結んでおり、同国との国境は安定している一方、レバノン国境はイランの影響を受けるヒズボラによるロケット攻撃の脅威が残る。

135 イランは非アラブのペルシャ人国家であるが、シーア派のイスラム共和国としてアラブ人国家であるシリアやレバノンのヒズボラ等に影響力を持ち、イスラエルと対立関係にある。

136 1個師団を3個旅団相当として簡易に換算した。トルコの機甲師団は2個機甲旅団と1個機械化旅団の構成であり、エジプトの師団は機甲旅団と機械化旅団との3個旅団に1個砲兵旅団が加わる構成となっている。

137 イスラエルはアラブ国家に囲まれていることから、即応性の高い予備役部隊が準備されており、ここではイラン革命防衛隊とサウジアラビア国家防護隊との並びで実動部隊として比較した。

138 国家防護隊（Saudi Arabian National Guard: SANG）は、陸軍を牽制する実力組織としてベドウィン人を中心に構成され、国王に対する高い忠誠があるとされる。実員としては7・3万人と陸軍とほぼ同等の勢力を有しており、さらに部族所属の2・7万人の勢力がある。

139 ハイム・ヘルツォーグ「図解中東戦争」原書房１９９０年、１４７頁参照。

140 表に掲げていない短距離よりも射程の短い地点防衛ミサイルをエジプトは１３６基以上、サウジアラビアは４００基以上保有している。

141 『ミリタリーバランス２０１８』、１６０頁、ミリタリーバランス２０１９・１５７頁、『ミリタリーバランス２０２０』、１５０と３７９頁参照。

142 トルコ第2軍は1個師団・10個旅団を隷下に置くが、ここでは1個師団を3個旅団に換算している。

143 シリアの機動戦闘部隊は、10個師団・10個旅団の編制であるが、特定の師団・旅団を除き充足率が低く、通常の旅団の半数以下の兵員数にとどまっているため、ここでは24個旅団相当としている。

144 ＳＤＦは、クルド人勢力（クルド民主統一党：ＰＹＤ）の武力部門（クルド人民防衛隊：ＹＰＧ）が主力となっている。

145 『ミリタリーバランス2020』、378頁。

146 「イランは多くの海路の安全を保障しており、イラン周辺には多くの海峡がある。ホルムズ海峡もその一つである。イランを脅し続ければ、残念な結果を招くことになる」と発言したとされる。

147 ホーシー派に対抗する政府側部隊は様々な部隊の集合体であり、組織構成は流動的であるも全体組織の呼称のため「統合部隊（Joint Forces)」や「国民抵抗部隊（National Resistance Force: NRF)」という名称を使っている。これを構成している主要な組織は、ジャイアンツ旅団（The Giants Brigade)、共和国防衛隊（The Republican Guard：親サレハ）とティハマ抵抗部隊（The Tihama Resistance）の3つである。中でも最大規模の組織はUAEが資金面を含め強力な支援を行っているジャイアンツ「アリ・アマリカ」旅団であり、2万から2・8万人の戦闘員を擁し、その大半はイエメン南部出身者が占めている。

148 『ミリタリーバランス2018』、317–318頁「Yemen」参照。

149 BBC News, "Yemen crisis: Why is there a war?", 19June 2020, https://www.bbc.com/news/world-middle-east-29319423

150 欧州軍に属する在トルコ米軍とアフリカ軍に属する在ジブチ米軍を含む。

151 イエメンのホーシー派が攻撃を行ったと宣言したが、米国はイランによる攻撃であるとの見解を示した。

【著者】岩池 正幸（いわいけ まさゆき）

上智大学法学部卒業。平成３年防衛庁入庁。在中国日本大使館一等書記官、防衛省情報本部分析部長、内閣官房内閣情報調査室内閣情報分析官を歴任。令和元年、米国防大学国家戦略研究所客員研究員（防衛省職員兼職）。現職、内閣府参事官。

データで知る
現代の軍事情勢

●

2021年5月24日　第1刷

著者…………岩池正幸
装幀…………藤田美咲

発行者…………成瀬雅人
発行所…………株式会社原書房

〒160-0022 東京都新宿区新宿 1-25-13
電話・代表 03（3354）0685
http://www.harashobo.co.jp
振替・00150-6-151594

印刷…………新灯印刷株式会社
製本…………東京美術紙工協業組合

ISBN978-4-562-05842-6, Printed in Japan